AF383727

RECUEIL DES OUVRAGES SUR LA SIBÉRIE
PUBLIÉ PAR TH. V. SABACHNIKOFF

L'OR

EN

SIBÉRIE ORIENTALE

PAR

ÉDOUARD DAVID LEVAT

Ancien élève de l'École Polytechnique.
Ingénieur civil des Mines.

TOME I

TRANSBAÏKALIE

DEUXIÈME ÉDITION

PARIS

ÉDOUARD ROUVEYRE, ÉDITEUR

76, RUE DE SEINE, 76

L'OR

EN

SIBÉRIE ORIENTALE

*

RECUEIL DES OUVRAGES SUR LA SIBÉRIE
PUBLIÉ PAR TH. V. SABACHNIKOFF

L'OR

EN

SIBÉRIE ORIENTALE

PAR

ÉDOUARD DAVID LEVAT

Ancien élève de l'École Polytechnique.
Ingénieur civil des Mines.

TOME I

TRANSBAIKALIE

DEUXIÈME ÉDITION

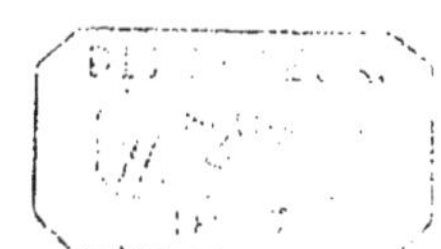

PARIS

ÉDOUARD ROUVEYRE, ÉDITEUR

76, RUE DE SEINE, 76

A LA MÉMOIRE DE MON PÈRE

VASSILI NIKITCH SABACHNIKOFF

CE VOLUME EST RESPECTUEUSEMENT DÉDIÉ

Th. V. S.

TRANSBAÏKALIE

PRÉFACE

L'attention publique est visiblement attirée, depuis quelques années, sur les événements dont le Continent Asiatique
est le théâtre. Les progrès constants et réguliers de l'influence
russe sur les vastes frontières de la Sibérie; l'ouverture du
chemin de fer transcaspien, qui date déjà de quelques années,
celle très prochaine de la ligne transsibérienne, s'ajoutant
à la construction du chemin de fer russo-chinois à travers
la Mandchourie septentrionale, viennent compléter l'acces-
sion à la civilisation et au progrès des immenses contrées
qu'arrosent l'Obi, l'Yénisséi, la Léna et le fleuve Amour.
Bientôt, les stations éparses sur les 10.000 kilomètres de voie
ferrée qui vont relier Saint-Pétersbourg à Vladivostok, en
traversant une partie de la Mandchourie, dont les noms sont
aujourd'hui à peine connus par quelques initiés, seront
familières aux voyageurs à destination de l'Extrême-Orient,
de la Chine et du Japon, auxquels cette voie continentale
évitera chaque jour, avec une économie de temps de
moitié au moins sur la durée des trajets maritimes actuels,
les dangers, la fatigue des chaleurs torrides de la mer
Rouge et de la mer des Indes.

L'industrie sibérienne de l'or, qui est de beaucoup, comme

importance actuelle et surtout future, la première du pays,
est appelée à profiter, dans une large mesure, de cette transformation. Le moment présent est décisif : les anciennes
méthodes d'exploitation, les formes surannées d'associations
minières ont fait leur temps en Sibérie. L'époque est venue
où, par le simple contact d'idées et d'hommes nouveaux, les
exploitations aurifères du pays vont prendre un développement et un essor inconnus jusqu'ici, grâce à l'emploi des
procédés perfectionnés que l'industrie moderne peut mettre
à leur service. Il y a donc un intérêt majeur et un intérêt
général à ce que cette situation nouvelle soit mise en lumière
et portée à la connaissance du public. Malheureusement, les
ouvrages parus sur ce sujet, du moins en idiomes autres que
la langue russe, ont été jusqu'à présent des plus rares ; de
plus les livres écrits dans cette langue, accessibles seulement pour un nombre infime de lecteurs en dehors de la
Russie, sont plutôt des monographies spéciales, que des
ouvrages revêtant une forme didactique et générale. On ne
peut guère citer, en fait de livre classique sur la matière,
en dehors des comptes rendus des explorateurs, qui ne trai-
tent que d'une manière secondaire les questions de mines et
de géologie, que le Volume bien connu de Lock sur l'Or, écrit
en langue anglaise. Cet ouvrage, qui date déjà de plus de dix
ans, se borne, en ce qui concerne les placers de la Sibérie,
dont il ne parle d'ailleurs qu'incidemment, à donner une
nomenclature des régions aurifères, résultat de compilations
antérieures, sans faire ressortir les liens qui les unissent,
sans exposer méthodiquement les conditions toutes spéciales
de cette industrie et la raison d'être de ces conditions. Le
public actuel ne peut plus se contenter de travaux de ce
genre : il a besoin de relier les faits isolés, les monographies

de détail à des idées générales qui restent dans l'esprit et qui permettent de juger sainement le présent et l'avenir.

Le nombre des personnes qui, à des titres divers, s'intéressent à l'industrie aurifère a considérablement augmenté dans ces dernières années, et la raison en est simple : l'abaissement graduel et continu du taux de l'intérêt servi aux valeurs de tout repos dirige constamment les capitaux épargnés vers des emplois plus rémunérateurs. La découverte récente des grands gisements aurifères du Transvaal a aiguillé ce besoin incessant des capitaux en quête d'emploi profitable vers les mines d'or. Cet élan, caractéristique de la fin de notre siècle, persistera malgré les fluctuations inévitables qu'a engendrées et qu'engendrera encore sans doute aucun la spéculation sur ces valeurs. Les « krachs » périodiques, résultat inévitable du tassement des cours après les inflations désordonnées, deviennent moins graves, quoique toujours fâcheux ; ils servent de leçon à ceux qui en ont fait les frais. Épuré par l'expérience comme l'or au creuset, le public apprend, au plus grand avantage des affaires saines et des gens sérieux, à étudier les affaires avant de s'y engager, exige des renseignements et des faits précis ; en un mot, il ne se contente plus de l'enseigne dorée, il veut voir et juger la quantité de la marchandise qu'elle couvre.

A ces besoins nouveaux répond une forme nouvelle des ouvrages qui, comme celui que nous présentons, s'adressent à un public plus large, moins spécial que celui qui pouvait s'intéresser, il y a seulement dix ans, à ce genre de publication. Tandis qu'autrefois on pouvait se borner à l'étude pure et simple des affaires aurifères d'un pays donné, sans aborder les considérations plus générales, d'ordre financier et économique, auxquelles l'industrie de l'or est pourtant étroitement liée, il est indispensable aujourd'hui de les comprendre dans le sujet traité. Il faut toutefois éviter avec soin — et parfois la difficulté n'est pas mince — de donner aux critiques qu'on a souvent à formuler un caractère d'opposition personnelle et aux louanges un air de réclame, qu'on est souvent porté à vouloir lire entre les lignes, à l'insu de l'auteur. Il est d'autant plus facile de donner prise à ces critiques, que l'ouvrage que nous présentons au public n'a aucun caractère de compilation, ce qui aurait permis d'adoucir facilement certains angles. Il est entièrement basé sur les travaux personnels de l'auteur en collaboration avec M. Théodore Sabachnikoff, ainsi qu'il est d'ailleurs facile de s'en convaincre à la lecture. Nous y avons naturellement réuni et synthétisé, en indiquant leur origine, les travaux de nos devanciers, notamment ceux des Ingénieurs du Corps des Mines de Russie, travaux dont on trouvera la liste dans les index bibliographiques à la fin des deux Volumes, mais nous avons cherché à conserver à l'ouvrage son caractère d'enquête sincère et impartiale, faite sur place, appuyée sur des chiffres, des faits et des plans dont nous garantissons l'exactitude.

Au point de vue géologique, nos deux séjours sur les placers aurifères, en 1895 et en 1896, nous ont permis, tout en utilisant, comme nous venons de le dire, les études faites par les ingénieurs russes, d'établir sur des bases certaines le mode de formation des gîtes et des placers aurifères en Sibérie Orientale. Nous avons pu apporter de nouveaux matériaux à l'appui des idées géologiques nouvelles et fécondes dont MM. de Lapparent et Stanislas Meunier sont les promoteurs éminents en France et qui, dégageant les faits impartialement observés des liens dans lesquels les théories purement mécaniques et géométriques prétendaient enserrer une science d'observation comme la géologie, la basent au contraire sur le rapprochement et la synthèse des phénomènes constatés sur le terrain. A ce point de vue, nos observations sur la formation aurifère de l'Onon et de la Zéya, les rapports évidents qu'elles démontrent entre la masse granitique sous-jacente et les dérivés directs de cette roche primitive, aplites, bérézites, voire même le quartz, étaient intéressants à bien mettre en lumière.

En ce qui concerne le côté technique des exploitations aurifères, nous avons démontré, par de nombreux exemples pris sur le vif, les défauts des méthodes actuelles. Nous en avons indiqué aussi le remède. Il se trouve, indépendamment des améliorations d'ordre général provenant de l'ouverture graduelle du pays, dans l'emploi de moyens mécaniques d'abattage et de transport des sables aurifères au lieu et place de la main de l'homme.

Enfin, au point de vue financier, nous avons fait une étude critique et détaillée, en prenant un certain nombre d'exemples particuliers, de la forme et de la constitution des Sociétés russes spéciales dites « par Compagnons » usitées pour l'exploitation de l'or, tant en Sibérie Orientale que dans l'Oural et sur les bords de l'Yénisséi. Ces Sociétés, qui ont donné à leurs actionnaires des profits colossaux, dont nous donnons quelques exemples au cours de l'ouvrage, en indiquant les dividendes donnés par un certain nombre d'elles, sont, on peut le dire, en thèse générale, actuellement sur leur déclin. Nous avons démontré que c'est au principe même de ces Sociétés qu'il faut attribuer cette déchéance, causée non par la rareté de placers, qui sont, on peut le dire, innombrables et susceptibles d'une exploitation très rémunératrice, mais uniquement par l'état arriéré des méthodes employées, la routine invétérée qui est la caractéristique des temps présents sur les exploitations aurifères. La transformation de ces associations en Sociétés durables, sous forme anonyme, est d'ores et déjà commencée, et ses heureux fruits ne tarderont pas à se faire sentir. Par ce moyen on pourra amener sur les placers, non seulement les outils perfectionnés qui leur sont nécessaires, mais encore et surtout le personnel, un personnel technique capable d'étudier sérieusement et d'appliquer les améliorations qu'exige l'état de choses actuel. C'est là, à notre avis, le point qui réclame la réforme la plus urgente. Les capitaux étrangers — nous en avons eu l'assurance en haut lieu — sont appelés à jouer, dans cette transformation, un rôle important. Comme dans les autres industries minières de la Russie, notamment dans celles du fer et du charbon, l'arrivée de capitaux étrangers, venus dans ces dix dernières années, pour la plupart de France et de Belgique, a été signalée par un accroissement étonnant de la production. Il en sera de même lorsqu'une transformation semblable se sera produite dans l'industrie aurifère, amenant une augmentation considérable de la production d'or annuelle, accroissement qui ne peut être qu'éminemment favorable aux contrées qui en auront été le théâtre et qui d'autre part correspondra à une augmentation proportionnelle des bénéfices légitimes assurés aux capitaux employés.

Nous devons signaler, en terminant, le concours efficace, la collaboration de tous les instants que nous devons à notre compagnon de voyage et ami, M. Théodore Vassilévitch Sabachnikoff. C'est en réalité à son initiative personnelle qu'est due l'idée de cet ouvrage, qui forme une première partie du Recueil des travaux sur la Sibérie, publiés par ses soins. Notre intention est de ne pas nous borner là. D'autres grands districts miniers, le bassin de la Léna, les monts Altaï, les

vastes régions aurifères dépendant du Domaine du cabinet de
Sa Majesté, sans parler de l'Oural, ce berceau de l'industrie
minière en Russie, méritent chacun un examen séparé. Il est
indispensable pour mener à bonne fin, en Russie, une étude
comme celle que nous avons entreprise, d'avoir auprès de soi
une personne qui vous initie peu à peu, non seulement à la
connaissance de la langue, — première difficulté considérable
déjà, — mais qui familiarise aussi le nouveau venu avec des
usages, des mœurs, une histoire, une psychologie essentiellement différents des nôtres et auxquels il est indispensable
de se plier pour apprécier sainement les choses. A ce point de
vue, comme aux autres, M. Th. Sabachnikoff mérite une
mention toute spéciale de ma gratitude, que je lui adresse ici.

E. D. LEVAT.

Paris, Avril 1897.

INTRODUCTION

J'ai été chargé au printemps de 1895, sur la proposition de
MM. Guillain, Directeur du Personnel au Ministère des Travaux
Publics à Paris, et Aguillon, Inspecteur Général des Mines, de
me rendre, en compagnie de M. Théodore Sabachnikoff, sur les
exploitations aurifères situées en Sibérie Orientale, dans lesquelles ce dernier possède des intérêts importants.

Ces mines se divisent en deux groupes distincts : celui de la
Transbaïkalie et celui de la Zéya, grand affluent de l'Amour.
Notre voyage s'étant effectué par la voie de terre, il était naturel
de commencer notre visite par la Transbaïkalie, que notre itinéraire vers l'Est nous faisait traverser.

Dès le début de nos travaux, nous nous sommes rendu
compte de la nécessité d'affecter deux campagnes d'été à l'exécution du plan que nous avions en vue. Nous avons en effet
trouvé en Transbaïkalie, dans les placers du système de l'Onon,
une étude très intéressante mais fort longue à faire sur les
placers de la Compagnie de l'Onon ; nous avons dû de là nous
rendre au siège des exploitations de la Compagnie Daourskaïa
(Système du Gazimour), dans le district de Nertchinskiy Zavod ;
la saison était dès lors trop avancée pour nous permettre de
songer à nous rendre sur la haute Zéya, région à climat rigou-

1

reux, où les travaux sur les mines sont arrêtés dès le 7 septembre de chaque année (ancien style).

Les matières contenues dans le présent volume ne constituent donc que la première partie de l'ouvrage relatif à l'ensemble des exploitations d'or en Sibérie Orientale. Après un premier coup d'œil général sur l'industrie aurifère dans cette contrée, sur les méthodes de travail en usage et sur la forme même des Sociétés exploitantes, je m'occuperai plus spécialement dans le présent volume des placers situés en Transbaïkalie, laissant pour l'année 1896 l'étude des gisements de l'Amour.

L'exploitation des mines d'or en Sibérie Orientale entre depuis quelques années dans une phase nouvelle de son développement. Il importe, pour bien se rendre compte de ce mouvement, d'en examiner les causes, et pour cela, de passer sommairement en revue les conditions dans lesquelles cette industrie a été exercée jusqu'ici.

La Transbaïkalie, dans la partie Sud de laquelle se rencontrent les mines qui font plus spécialement l'objet de ce volume, se trouve au point de vue économique et au point de vue de la main-d'œuvre dans des conditions notablement différentes des autres régions aurifères, notamment du bassin de la Léna et du bassin de l'Amour proprement dit. Ces conditions sont liées d'une manière tellement intime à l'exploitation de l'or, qu'il n'est pas possible de donner une appréciation sur cette dernière sans tenir compte de celles-là.

Au point de vue géologique au contraire, il m'a paru possible, à la suite de mon séjour en Transbaïkalie et des renseignements que j'ai recueillis dans les Provinces Amouriennes, de dégager un ensemble de faits s'appliquant à la généralité de la formation aurifère de la chaîne des monts Yablonovoï.

J'aurai d'ailleurs l'occasion de contrôler d'abord, compléter et modifier ensuite, s'il y a lieu, dans mon prochain voyage en 1896 dans le bassin de la Zéya, l'opinion que j'ai pu me faire sur la géologie générale de ces régions; mais en tout état de cause, les observations que j'ai déjà réunies présentent un ensemble suffisamment complet pour que je puisse en faire mention dès à présent.

D'autre part, les méthodes d'exploitation et de lavage des sables aurifères, subissent aussi, comme l'ensemble de l'industrie de l'or en Sibérie Orientale, une transformation que l'ouverture prochaine du pays, à la suite de la construction du Transsibérien, ne fera qu'accélérer davantage. C'est là un phénomène inéluctable et normal; il importe donc de prévoir dès à présent quelles en seront les conséquences, afin de ne pas se laisser devancer par les temps nouveaux. Déjà l'élan est donné : les capitaux, séduits par le développement de l'Industrie de l'or au Transwaal, s'emploient volontiers aux affaires de ce genre. Un grand pays producteur comme la Sibérie doit fatalement entrer aussi dans ce mouvement.

En ce qui concerne plus particulièrement l'extraction de l'or des filons, par broyage et amalgamation, j'ai été conduit à faire une étude spéciale de cette question dans le bassin de l'Onon, où se trouve le seul et unique « quartz mill » actuellement en activité dans la Sibérie Orientale. On y traite des minerais provenant justement des mêmes filons qui ont formé les placers de la Compagnie de l'Onon, placers dont l'examen a occupé la majeure partie de mon temps au cours de ma mission. Je me suis rendu compte des raisons pour lesquelles une première tentative faite par la Compagnie de l'Onon pour l'exploitation de ces filons et le broyage du quartz aurifère avait échoué, et des mesures à prendre pour éviter ces mécomptes dans l'avenir.

Voici, en définitive, comment je diviserai l'étude qui va suivre :

DIVISIONS DU MÉMOIRE

I. Étude sur les mines et placers de la Compagnie de l'Onon.

CHAPITRE Ier. — Considérations générales sur la formation aurifère et sur les exploitations de la Sibérie Orientale, et plus spécialement sur celles de la Transbaïkalie.

CHAPITRE II. — Des placers. — Description détaillée de chacun des placers de la Compagnie de l'Onon. — État actuel de leur exploitation. — Avenir de ces placers. — Exploitation du deuxième niveau aurifère.

CHAPITRE III. — Des filons aurifères. — Description détaillée des filons de la Compagnie de l'Onon. — Résultats donnés par leur exploitation. — Causes d'insuccès. — Travaux à exécuter pour leur mise en valeur. — Avenir de ces filons.

CHAPITRE IV. — Programme pour la reprise des travaux de la Compagnie de l'Onon : 1° sur les placers; exploitation, au moyen de la drague, du deuxième niveau aurifère. — 2° Sur les filons; exposé des travaux préparatoires nécessaires avant de décider l'érection d'un nouvel atelier de broyage et d'amalgamation. — 3° Recherche de nouveaux placers. — Résumé et conclusions du Rapport.

II. Étude sur les placers exploités par la Compagnie Daourskaïa dans le système du Gazimour (District minier de Nertchinskiy Zavod).

I

ÉTUDE

SUR LES

MINES ET PLACERS DE LA COMPAGNIE DE L'ONON

CHAPITRE I

CONSIDÉRATIONS GÉNÉRALES SUR L'INDUSTRIE DE L'OR EN SIBÉRIE ORIENTALE

———

La Sibérie Orientale comprend, au point de vue minier, toute la vaste région située à l'est du Gouvernement de Yénisséi. Son centre administratif est à Irkoutsk, où se trouve le laboratoire pour l'analyse et la fusion de l'or produit.

Production totale de l'Empire Russe.

La Sibérie Orientale donne à elle seule plus de la moitié de l'or produit par la totalité de l'Empire Russe. J'ai figuré sur une carte générale de l'Empire les productions respectives des principaux centres miniers pendant l'année 1894, permettant d'embrasser d'un coup d'œil l'ensemble de la production aurifère (voir Pl. I, page suivante). Je la fais précéder par un tableau qui donne, de 1883 à 1894 inclus, la production comparée des diverses régions aurifères de l'Empire.

L'examen des chiffres portés à la colonne « production totale » montre qu'après avoir sensiblement baissé de 1883 à 1885, la production de la Sibérie orientale est depuis 1887 en voie d'accroissement lent.

ANNÉES	CABINET DE SA MAJESTÉ	SIBÉRIE ORIENTALE	SIBÉRIE OCCIDENTALE	OURAL	FINLANDE	PRODUCTION TOTALE
	Kilogr.	Kilogr.	Kilogr.	Kilogr.	Kilogr.	Kilogr.
1883	1.654	25.885	2.133	8.075	8.2	35.733.2
1884	1.491	24.048	2.051	7.961	.	35.551
1885	999	21.245	2.064	8.698	12.2	35.018.2
1886	1.687	20.525	2.047	9.172	5.5	35.450.5
1887	1.556	20.426	2.227	10.647	5.5	34.861.5
1888	1.409	20.508	2.526	10.909	12.2	35.164.2
1889	1.756	22.441	2 559	10.516	24.6	37.256.6
1890	1.667	24.550	2.432	10.524	16.4	39.569.4
1891	1 590	20.377	7.101	10.552	5	39.010
1892	1.818	22.150	7.265	11.925	.	43.158
1893	1.562	25.515	7 558	12.010	.	44.422
1894 (1)	1.500	25.047	6.916	10.598	.	44.061

Historique de cette production en Sibérie. — Le développement de cette production a été surtout rapide dans les premiers temps de la découverte, vers 1830. A cette date, diverses exploitations isolées donnèrent un poids de 4 pouds (2) 22 livres d'or. La progression fut immédiate :

En 1836, Production 84 pouds valant 4.200.000 fr.
   1837   »   106   »   5.300.000 fr.
   1842   »   575   »   28.750.000 fr.
   1846   »   1258   »   61.900.000 fr,
   1847   »   1570   »   68.500.000 fr.

Depuis cette année jusqu'en 1852, la production oscilla entre 1.100 à 1.200 pouds par année. En 1852, elle ne fut que de 900 pouds. De 1852 à 1870, la production baissa encore et les

(1) Chiffres provisoires.
(2) 1 poud = 16ᵏᵍ,380 d'or, vaut environ 18.000 roubles papier, soit 50.000 fr. en chiffres ronds.

Tome 1

DISTRICTS AURIFÈRES ET PRO

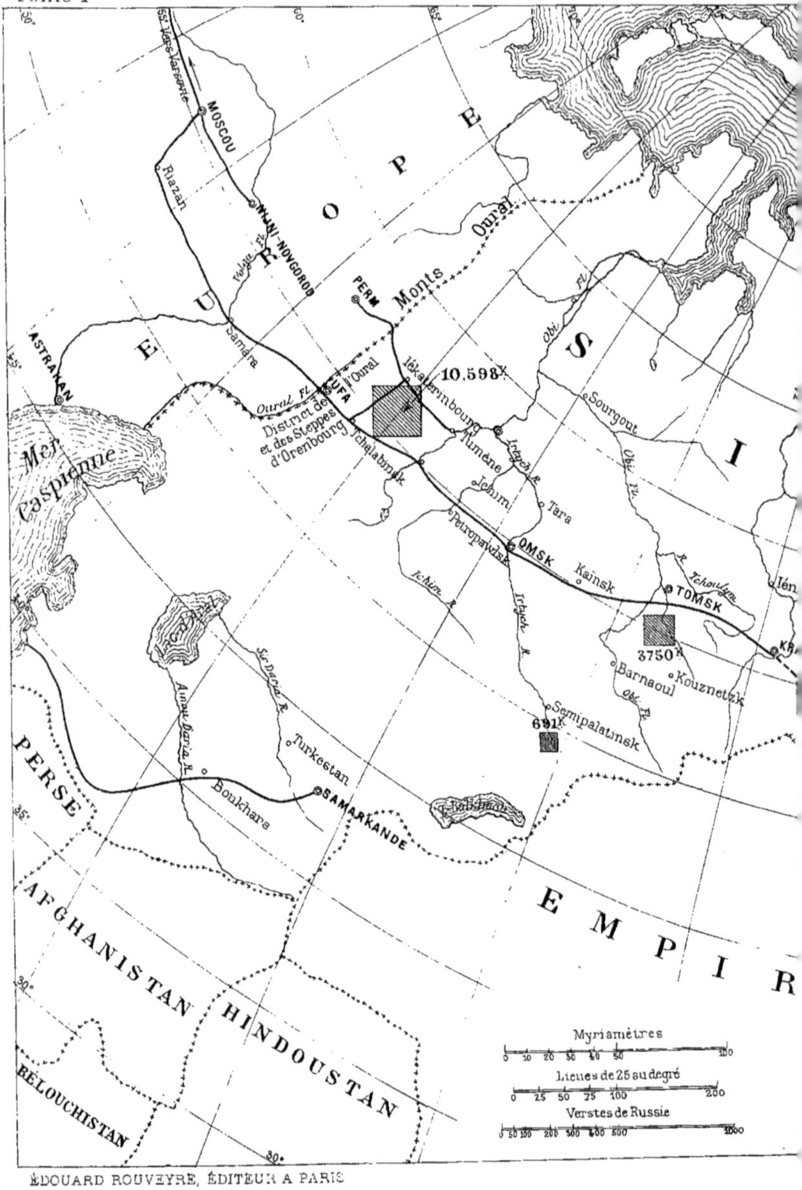

ÉDOUARD ROUVEYRE, ÉDITEUR A PARIS

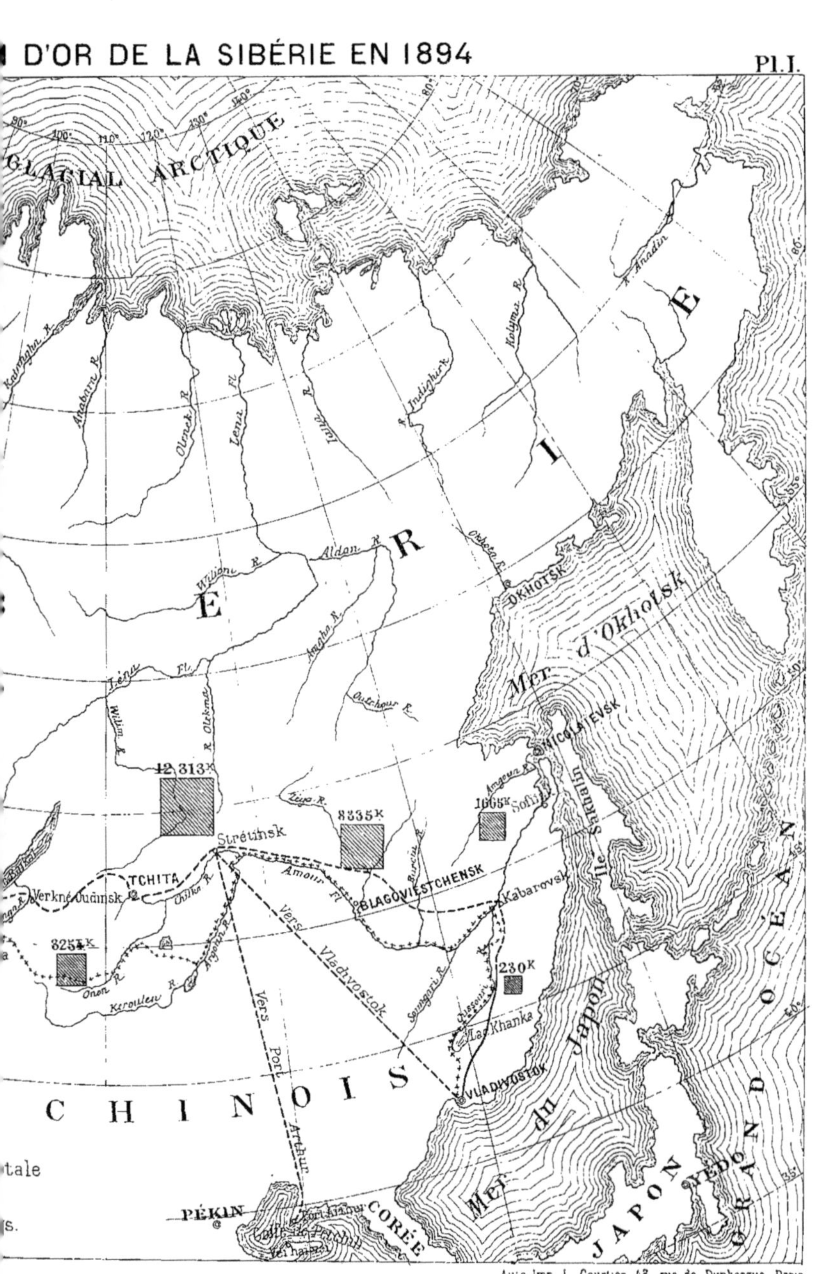
GLACIAL ARCTIQUE
SIBÉRIE
Mer d'Okhotsk
Okhotsk
NICOLAIEVSK
Sofii
Aldan R.
Witime R.
Angha R.
Olekma R.
Outchour R.
Zéïa R.
Amour Fl.
Bouréïa R.
STRÉTINSK
TCHITA
Verkné Oudinsk
Amour Fl.
BLAGOVIESTCHENSK
Khabarovsk
Vers Vladivostok
Vers Port Arthur
Onon
Kéroulen R.
Argoun R.
Chilka R.
CHINOIS
PÉKIN
CORÉE
Mer du Japon
Île Saghalin
Japon
GRAND OCÉAN
YÉDO
JAPON
Lac Khanka
VLADIVOSTOK
Anadir
Kolyma R.
Indighirka
Iana R.
Lena Fl.
Orbeta R.
Kalymka R.
Angabira R.
12.313 K
8335 K
1665 K
3251 K
230 K

plaintes devinrent de plus en plus vives. On reconnut que les procédés employés constituaient un véritable pillage; que l'or gros était seul retiré et qu'on perdait dans les « tailings(¹) » la moitié au moins de l'or contenu. On commença à laver de nouveau ces résidus avec des appareils moins imparfaits qui, pour la plupart, sont encore en usage.

De 1875 à 1880, les Provinces Amouriennes ont commencé à entrer pour une large part dans le rendement annuel et ont été un facteur important du relèvement de la production totale de l'Empire Russe dans ces dernières années.

De 1884 à 1892, la Russie a occupé le troisième rang commé pays producteur d'or. En 1892 la production s'établissait comme suit :

États-Unis.	2985	pouds, valant	149.250.000 fr.
L'Australie	2242	» »	112.100.000 »
La Russie.	2207	» »	110.550.000 »

sur lesquels 1 749 pouds provenaient de la Sibérie, non compris le district de l'Oural, qui figure toujours dans les statistiques de la Russie d'Europe.

Échelle des pays producteurs d'or. — Depuis 1893 le Transwaal a pris le troisième rang dans la liste des pays producteurs d'or. En 1892 il était au quatrième rang derrière la Russie, l'Australie et les États-Unis. En 1893, le Transwaal a dépassé la Russie. La production aurifère des quatre pays a été dans cette année-là :

États-Unis.	178 millions de francs.
Australie..	176 » »
Transwaal.	134 » »
. Russie.	153 » »

(1) Nom générique des résidus stériles dans les exploitations minières.

L'année suivante, 1894, le Transwaal a gardé le troisième rang mais en se rapprochant très près des deux concurrents qui le précédaient encore ; voici les chiffres :

Australie	203 millions de francs.
États-Unis	198 » »
Transwaal	194 » »
Russie	132 » »

Il est fort possible qu'en 1895, le Transwaal avec sa production considérable de 2.500.000 onces valant 209 millions de francs, ait passé au deuxième ou au premier rang.

Situation de la Sibérie en 1890. — En 1890 l'industrie aurifère occupait en Sibérie 55.421 ouvriers, répartis sur 646 « priiski (¹) ». Voici quelle était leur distribution par Gouvernements et Districts :

		Placers.	Ouvriers
SIBÉRIE OCCIDENTALE.	Gouvernement de Tomsk	120	4.457
	District de Semipalatinsk	29	1.785
	District d'Akmolinsk	10	451
	Total	159	6.655
SIBÉRIE ORIENTALE .	Gouvernement de l'Yénissei et d'Irkoutsk.	522	11.163
	» Transbaïkalie	85	8.450
	» Iakoutsk	62	4.558
	» Amour	15	2.507
	» Province Maritime	5	290
	Total	457	26.768
	Total général	646	55.421

Dans cette même année 1890, les seuls districts situés à l'Est du méridien d'Irkoutsk, ont donné sur les 505 placers en exploi-

----

(1) Nom russe des exploitations d'alluvions aurifères ; synonyme de « placer ».

tation : 1229 pouds 30 livres d'or, représentant une valeur totale
de 61 millions 1/2 de francs. Le district le plus important est
celui de la Léna, qui entre dans le chiffre total de la production
pour une proportion de : . . . .   47 pour 100
    La province Amourienne   40   »
    La Transbaïkalie   10,7   »
    La Province Maritime   2,3   »

On voit en somme qu'après une période primitive d'accroissement fabuleux de la production, tenant à la découverte d'un
grand nombre de placers superficiels, faciles à exploiter, donnant de l'or gros, que les appareils les plus imparfaits suffisaient
à séparer, est venue une première période de marasme. Ensuite
a succédé un relèvement de la production, coïncidant avec la
formation de Sociétés ou associations privées, qui ont non seulement amélioré les procédés primitifs, mais qui, disposant de
capitaux plus considérables, ont pu aborder l'exploitation des
placers riches, mais éloignés des voies de communications, qui
ont exigé, tant pour leur recherche que pour leur mise en valeur,
des avances considérables de fonds, étant donnés les procédés
en usage jusqu'à présent pour l'exploitation des placers, procédés qui seront exposés plus loin.

Transformation des méthodes. — Il est facile de constater
que cette période touche elle-même à sa fin et que l'époque
d'une transformation plus profonde est venue. Ce changement
affectera non seulement les procédés d'exploitation — cette modification est déjà commencée, — mais encore les formes d'association employées jusqu'à présent pour l'exploitation de l'or en
Sibérie Orientale. Ce ne sont pas, en effet, les placers qui font
défaut, car, si les plus riches, les plus rémunérateurs dans les

conditions actuelles du travail, sont ardemment recherchés et parfois même payés très cher, d'autres, plus pauvres, délaissés jusqu'à présent, vont entrer en ligne de compte.

Déjà, dans les régions où la main-d'œuvre se trouvant sur place est relativement économique, comme en Transbaïkalie, on peut exploiter avec profit des placers qui ne donneraient que des pertes dans les régions de l'Amour, et dans les bassins du Vitim et de l'Olekma (affluents de la Léna). L'application de moyens mécaniques bien étudiés et bien appropriés aux conditions locales, va amener de profonds changements dans cet état de choses. Je reviendrai sur cette question capitale, à propos de l'étude détaillée des placers de l'Onon.

Mode de constitution des affaires aurifères en Sibérie Orientale. — Quant à la forme même des associations ayant pour but l'exploitation des placers dans la Sibérie Orientale, elle mérite quelques explications, car de cette forme même, du principe fondamental sur lequel elles reposent, découlent plusieurs conséquences directes, qui sont de la plus haute importance au point de vue des appréciations à porter sur l'avenir.

Disons d'abord qu'un assez grand nombre de placers sont exploités pour le compte d'une seule personne, qui est souvent l'inventeur lui-même, ou d'un groupe très restreint de personnes se connaissant, ayant même souvent entre elles, des rapports de parenté. Dans d'autres cas ce sont les héritiers de l'inventeur ou du premier exploitant du placer qui continuent à travailler le placer, tout en restant dans l'indivision.

Dans ces divers cas, il existe un acte de société, attribuant à chacun des co-propriétaires ou « compagnon », pour employer le terme usité, un certain pour cent déterminé, dans les bénéfices et déléguant un des compagnons pour la gestion de l'affaire.

Principe des opérations indépendantes. — On opère par campagnes annuelles dites « opérations »; le climat ne permettant pas en général de travailler sur les placers plus de 120 à 130 jours par an, de Mai à fin Août, ou au plus tard au commencement de Septembre, style russe. Au début de chaque campagne, le programme des travaux d'exploitation, ainsi que celui des travaux de recherches, qui constituent, comme je l'expliquerai plus loin, une partie essentielle de l'affaire, est arrêté par l'ensemble des intéressés. On dresse un budget préventif des dépenses et de la recette probable, et chaque « compagnon » verse au prorata de sa participation et aux époques fixées, le montant de la quote-part qui lui incombe.

Achat et transport des vivres. — Les dépenses se composent pour la majeure partie, en outre des frais généraux, d'achats de vivres pour les hommes et pour les chevaux et surtout des frais de transport de ces vivres depuis les lieux de production ou d'achat, jusque sur les placers où ils doivent être consommés. Les distances à franchir sont parfois énormes. Les approvisionnements de viande pour la Zéya viennent de Strétinsk où les bœufs sont abattus. La viande est ensuite transportée, gelée, pendant l'hiver, sur un trajet de 1200 verstes et ce n'est pas un cas exceptionnellement défavorable. Souvent les achats doivent s'exécuter plus longtemps encore à l'avance, afin que les marchandises arrivent en temps utile sur les lieux de consommation. Il n'est pas rare de voir préparer des campagnes de ce genre 18 mois et même deux ans à l'avance.

Recrutement de la main-d'œuvre. — Ensuite vient la question du recrutement de la main-d'œuvre, car les gisements aurifères se trouvent, surtout dans les Provinces Amouriennes, dans des contrées tout à fait désertes et inhospitalières, couvertes d'épaisses forêts entrecoupées de marais tourbeux, désignées sous le nom générique de « taïga ». On ne peut donc compter sur aucune ressource locale comme population ouvrière. Mais il y a plus : il n'est pas permis d'employer aux travaux miniers les colons agriculteurs qui commencent à se fixer dans le pays.

L'Administration entend, à juste titre, ne pas laisser détourner ces colons de la mise en valeur du sol par la culture, qu'ils abandonneraient, sans cette interdiction, pour le travail bien rémunéré mais temporaire, des mines.

Dans la Transbaïkalie cependant, il y a déjà un certain excédent de population flottante, suffisant pour qu'on y puisse recruter un personnel ouvrier, sans enlever les bras indispensables à l'agriculture. Aussi cette province fournit-elle, en concurrence avec les autres districts plus occidentaux de la Sibérie et avec la Russie d'Europe même, un contingent important de travailleurs pour les mines d'or.

L'emploi des condamnés de droit commun et des condamnés politiques aux travaux des mines d'or, est interdit depuis longtemps déjà. Il n'y a pas de lieu de le regretter.

On arrive ainsi, au début de la saison des travaux, au commencement de mai, à avoir déjà fait à l'opération en cours, des avances en vivres et en main-d'œuvre se chiffrant dans bien des cas, par plusieurs centaines de mille francs.

Exécution de la campagne d'été, sur les placers. — Il s'agit, pendant la courte période des travaux, de rentrer au plus vite et coûte que coûte dans ces dépenses, après quoi commence le bénéfice de l'opération. On travaille donc fiévreusement, sans arrêt ni relâche, jusqu'au moment où les premières gelées se faisant sentir, on est prévenu qu'il est temps de faire rentrer au plus vite vers des régions plus hospitalières tous les ouvriers et tout le personnel. C'est le 7/19 septembre qui est, dans les Provinces Amouriennes, la date fixée pour la cessation des travaux. Il serait dangereux, même dans les années exceptionnellement tièdes, de prolonger la campagne ; les grands froids arrivent d'une manière foudroyante et on risque de se trouver coupé de toute communication si on est pris par les glaces dans la Taïga. Néanmoins, dans le Sud de la Transbaïkalie, où le climat est plus doux, l'opération peut, sans danger, être prolongée jusqu'à la fin de septembre.

Bilan de l'opération. — On connaît jour par jour la production d'or des chantiers, car aux termes de la loi minière russe (art. 782 et suiv.) la pesée contradictoire entre le représentant de l'Administration et celui de l'exploitant doit se faire chaque jour, sur la production d'or de la journée. On peut donc aussitôt après l'arrêt des travaux, établir le bilan définitif de ce qu'on appelle l'opération, et répartir les profits entre les intéressés.

De l'adoption générale en Sibérie de cette forme spéciale d'association, résultent des conséquences fâcheuses, qu'il est facile de mettre en lumière.

Conséquences de ce système. — Tout d'abord, la nécessité absolue, primordiale, de rentrer chaque année dans les frais avancés, est un très grand obstacle à tout progrès, à tout perfectionnement dans les procédés d'extraction et de lavage des sables aurifères. Toute amélioration comporte des tâtonnements, des essais, du temps perdu, qui dans l'espèce peut se traduire par une diminution du cube exploité, désastreuse pour l' « opération ». On l'évite en s'en tenant aux anciens procédés qui sont sûrs, éprouvés, qui ont toujours donné de beaux bénéfices, et dont on peut confier l'exécution à des agents guidés simplement par la pratique. C'est pourquoi les intéressés dans les affaires sibé-

riennes, sauf de rares et brillantes exceptions, préféreront s'en
tenir aux procédés anciens, tant que les circonstances ne leur
forceront pas la main.

Notons aussi que l'indépendance même des « opérations »
successives, exclut l'idée de toute immobilisation pouvant exiger
un certain nombre d'exercices pour être remboursées ou amorties.
Rares en effet sont les affaires qui possèdent un matériel roulant
et des machines à vapeur convenablement agencées. Pour la même
raison, les travaux préparatoires destinés à avoir un effet utile
portant sur plusieurs opérations, tels que réservoirs et conduites
d'eau, canaux de dérivation et d'asséchement sont sacrifiés ou
remplacés par des appareils d'épuisement mécaniques qui en
définitive reviennent plus cher que n'auraient coûté les travaux
exécutés d'une façon normale.

Absence d'immobilisation. — En principe, l'exploitant d'or en
Sibérie Orientale est opposé à toute immobilisation de capitaux
sur les placers. Il est au contraire tout prêt, si les circonstances
lui paraissent favorables, à faire des avances, parfois très considérables, de vivres et de main-d'œuvre, à un placer qui lui
inspire confiance, mais à la condition absolue que ces frais lui
soient remboursés, avec bénéfice, par l'opération de l'année
même. Quant à serrer de près son prix de revient, à l'améliorer
par des perfectionnements, par l'achat d'un matériel approprié,
il n'y pense même pas.

Il est arrivé et il arrivera encore fréquemment que ce système
conduit à l'abandon de placers parfaitement exploitables, mais
pour lesquels le calcul des approvisionnements ou des hommes
nécessaires, ou encore celui du cube de stérile à enlever, a été
mal fait. La campagne est alors manquée, l'opération se solde
par une perte, qui peut être considérable, et le placer est aban-

donné comme « ne payant pas ». Il est souvent repris par un tiers mieux avisé qui s'y enrichit. Les exemples de ce genre sont fréquents dans le bassin de la Léna et de l'Amour.

On comprend combien il importe d'être exactement fixé sur le nombre d'ouvriers nécessaires pour une campagne et la nécessité d'avoir des travaux préparatoires de sondage très exacts afin de n'être pas exposé soit à manquer d'ouvriers, soit, ce qui est aussi grave, à n'avoir pas de chantiers à leur donner. Une erreur très fréquente, que j'ai constatée plusieurs fois, consiste à avoir des « décapelages » insuffisants du stérile, de sorte que les tailles dans la couche aurifère sont constamment arrêtées par le défaut d'avance des déblais superficiels, et que le lavoir est obligé de chômer.

On appelle décapelage, le travail qui consiste à mettre à nu, par l'enlèvement des stériles superficiels, la couche aurifère inférieure. Les décapelages doivent toujours conserver leur avance sur les tailles dans l'alluvion, de manière à ne pas mélanger ces deux genres distincts de chantiers. Il arrive fréquemment que ces travaux dans le stérile sont entravés par la rencontre du sol gelé, qui s'oppose à ce qu'on puisse prendre des tailles ayant plus de 2 tchetv. de hauteur; ce fait retarde beaucoup les décapelages sans qu'on puisse en activer l'avancement en y mettant un plus grand nombre d'hommes, car on est tenu par la nécessité de laisser aux tranches mises à nu le temps de se dégeler. Cette difficulté est la cause de nombreux échecs dans les résultats d'opérations pourtant bien combinées.

Tels sont les inconvénients pratiques et techniques du système des travaux par « opérations » indépendantes. Il est fréquemment aussi une gêne et un danger pour les intéressés eux-mêmes. Les « compagnons » se trouvent appelés à exécuter, à des dates fixes, des versements souvent très considérables, toujours entourés d'un certain aléa. Ces intéressés se trouvent parfois

2.

engagés dans d'autres affaires, ou bien ils se trouvent dans des situations de fortune très différentes les unes des autres, ce qui a pour résultat fatal, aux époques des versements, de sacrifier les petits au profit des gros intéressés.

Il leur est impossible en effet de réaliser ou même d'évaluer leur part, qui ne peut se négocier ni en banque ni en Bourse. Ils doivent verser cependant leur participation, à peine de se trouver forclos. On voit à quelles difficultés et à quels dangers les associés, dans de pareilles entreprises, peuvent se trouver exposés.

L'absence de fonds de roulement est aussi une gêne très réelle, dans certaines circonstances, pour la bonne administration de l'affaire; mais de tous les inconvénients que je viens de passer en revue, résultant du mode d'association adopté par les exploitants, le plus sérieux et, à mon avis, celui qui a été la cause principale de l'état arriéré dans lequel se trouvent encore en ce moment la majorité des exploitations aurifères de la Sibérie Orientale, est l'obstacle qu'il oppose à toute amélioration sérieuse des anciens procédés d'exploitation, basés sur l'emploi de pelles, pioches, du transport par « tarataïkas » et du lavoir sibérien, exigeant un grand nombre d'ouvriers laveurs. Il est inouï de constater le nombre de fausses manœuvres qu'entraînent ces procédés, qui n'ont pas ou presque pas varié depuis le début des exploitations d'or en Sibérie.

Premiers symptômes de transformation. — Il est juste cependant de reconnaître que des efforts sérieux ont été tentés dans ces dix dernières années pour améliorer cet état de choses. L'exemple a surtout été donné par les grandes Compagnies de l'Amour et du bassin du Vitim, qui disposent de moyens puissants. Des perfectionnements notables ont été introduits dans le transport des déblais aurifères et des tailings. La Compagnie

de la Zéya, par exemple, a installé la première un système de
traction mécanique par câble continu qui ne laisse rien à désirer;
mais ces exemples probants n'ont pas été suivis par la généralité
des exploitants, qui restent fidèles aux anciens procédés et
réfractaires à toute immobilisation de capitaux.

Recrutement du personnel technique. — Le personnel technique est aussi d'un recrutement difficile, et c'est certainement
un des points faibles de l'organisation des affaires aurifères
actuelles. En fait, la plupart des affaires sont conduites par des
hommes qui se sont formés, peu à peu, par une pratique constante des travaux et dont l'instruction générale, sauf de brillantes exceptions, est assez limitée. Ces agents sont donc, par
leurs antécédents et par leur origine même, peu aptes à introduire des améliorations bien raisonnées et surtout bien adaptées
aux conditions locales, notamment aux conditions climatériques
si exceptionnelles de la Sibérie Orientale. Les tentatives d'introduction des appareils et des procédés américains par simple
transplantation des uns et des autres, ont été généralement suivies
d'un échec complet, comme il était facile de le prévoir.

Méthode à adopter dans l'application des perfectionnements.
— Il n'y a, en effet, aucune assimilation possible entre les méthodes californiennes pour le lavage des sables aurifères et
celles qui ont été employées jusqu'ici dans les exploitations
sibériennes. Je ferai ressortir plus loin, en décrivant le mode
de formation des alluvions aurifères de la Sibérie, les raisons
géologiques et topographiques qui les différencient essentiellement des alluvions miocènes de la Californie. (Voir Annexe A,
page 169.) On a donc fait fausse route complète chaque fois
qu'on a voulu transplanter de toutes pièces en Sibérie, comme

on l'a tenté plusieurs fois, des méthodes ayant fait leurs preuves en Californie. On est ainsi arrivé à des échecs retentissants dont les partisans du « statu quo » n'ont pas manqué de tirer parti pour continuer leurs errements antérieurs. De là aussi cette sorte de défaveur préconçue qui s'attache, en Sibérie, à tout projet de réforme ou de transformation des procédés actuels.

Chaque fois, au contraire, qu'on a pris la peine d'adapter les procédés américains, aux conditions locales, le succès a couronné ces tentatives. C'est ainsi que dans le bassin de la Zéya, qui est indubitablement à la tête du mouvement de progrès, l'emploi du *sluice* américain, se développe de jour en jour davantage et supplante définitivement l'antique « tchachka » sibérienne, sorte de cuve de débourbage à fond percé de trous, qui constitue jusqu'à présent, aux yeux des vieux mineurs du pays, l'appareil le plus parfait qu'on puisse imaginer.

Conclusions de cet exposé. — Je ne m'arrêterai pas davantage sur ce point, car j'aurai l'occasion, au cours de cette étude, de citer plusieurs échecs complets tant pour l'exploitation des placers que pour celle des filons, tenant aux raisons que je viens d'indiquer. On a été jusqu'à tenter le procédé hydraulique pour l'exploitation des placers sibériens qui sont situés au fond de vallées sans pente! Ce qu'il faut retenir de l'ensemble des considérations que je viens d'exposer, c'est d'une part le peu de souplesse que présentent les affaires aurifères sibériennes telles qu'elles sont organisées actuellement, pour se prêter à l'adoption de procédés nouveaux; et d'autre part la nécessité absolue, sous peine d'échec complet, d'adapter les moyens nouveaux aux conditions locales et climatériques. Il est indispensable, en définitive, en Sibérie plus que partout ailleurs, d'apporter la plus grande prudence et la plus grande réflexion dans toutes les modifications, urgentes cependant, qui réclament les procédés actuels d'extraction et de lavage.

Quoi qu'il en soit, les sociétés exploitant les alluvions aurifères sibériennes ont donné et donnent encore de très brillants résultats, qui assurent leur vogue : elles n'ont, somme toute, besoin que d'un capital de roulement temporaire, remboursé dans l'année même où il est avancé; elles ne comprennent en général qu'un très petit nombre d'intéressés, animés d'une confiance mutuelle, ce qui évite tout tiraillement dans l'unité de direction; elles ont en définitive généreusement récompensé leurs auteurs de la hardiesse dont ils ont fait preuve, en introduisant avec persévérance une industrie considérable dans des régions hérissées de difficultés de tout ordre.

Tel est le tableau de la situation actuelle. J'ajouterai cependant, pour tâcher d'être complet et d'apprécier sainement les choses, que les difficultés de transport, de recrutement des ouvriers et de ravitaillement, contre lesquelles on a à lutter maintenant, ne sont rien à côté de celles qu'ont eues à vaincre les premiers pionniers; et que bien des fausses manœuvres qui nous étonnent, bien des lavages grossiers et imparfaits qui nous surprennent, ne pouvaient pas être évités à l'époque où ils ont été exécutés. L'absentéisme des propriétaires, laissant aux agents locaux une liberté dont il a été trop souvent abusé, a été aussi jusqu'à présent une cause de faiblesse et de désordres, en même temps que de routine invétérée des exploitations.

Influence de la création du Transsibérien. — La construction du Transsibérien va faire disparaître ces entraves, causées en majeure partie par la distance et les difficultés du voyage. A ces moyens nouveaux d'action, correspondent de toute nécessité des moyens techniques nouveaux aussi et plus perfectionnés, que mettront en œuvre des capitaux moins exigeants, réunis en associations durables et répartis entre un plus grand nombre d'intéressés. Ces capitaux devront être réunis sous la forme de Sociétés anonymes Russes, donnant à la fois plus de garanties d'avenir aux intéressés, que la forme actuelle par « part » ou « compagnon » et plus de souplesse dans la conduite des travaux. C'est dans cette voie que les progrès restant à accomplir pourront acquérir leur complet développement.

C'est cet ensemble de conditions que j'ai désiré mettre en évidence avant d'aborder l'examen particulier des placers de l'Onon, afin de justifier par avance les conclusions que je propose pour tirer de cette affaire tout le parti dont elle est susceptible.

L'ensemble des exploitations aurifères de la Sibérie Orientale est arrivé, comme j'espère l'avoir fait comprendre, à une époque où une transformation est devenue indispensable, inéluctable même ; par conséquent, un plan raisonné de réforme d'une affaire de ce genre, ne doit pas se borner à retoucher quelques détails ou à supprimer quelques abus, pour continuer une marche hésitante et incertaine sur son avenir. Il faut considérer les choses de plus haut, se rendre compte de la voie ouverte, des progrès réalisés et des résultats acquis sur les exploitations entrées déjà dans la voie des transformations et l'adapter, avec toutes ses conséquences, aux exploitations en question.

Je dirai d'abord quelques mots de la constitution géologique générale des gisements aurifères de la Sibérie Orientale. Ces considérations comportent des développements théoriques qui ne seraient pas à leur place ici, aussi en ai-je fait l'objet d'une Note qui figure aux Annexes du présent Rapport. (Voir Annexe C, page 168.)

CHAPITRE II

PLACERS DE LA COMPAGNIE DE L'ONON

Situation. — Ces placers sont situés dans le Sud de la Trans-baïkalie, à proximité de la frontière de la Chine. La vallée du « Cérédnié Khangarok », ou « Moyen Khangarok », qui les contient, aboutit à la rivière Kyra, dont le confluent avec l'Onon se trouve au delà de la frontière, en Mandchourie.

Itinéraire pour se rendre aux placers. — On prend, pour se rendre de Tchita aux placers, la route postale de cette capitale à Nertchinsk, jusqu'à la Stanitza Karamangout (60 verstes 1/2) où l'on traverse l'Ingoda, puis on suit la route postale se dirigeant vers le Sud, jusqu'à Oust-Ilia où l'on franchit l'Onon, et l'on gagne enfin Akcha, chef-lieu d'Arrondissement et point terminus de la route postale actuelle.

Distance totale de Tchita à Akcha : 275 verstes 1/2, avec bonne route postale et relais de chevaux toutes les 25 verstes environ. (Voir pour le détail de cet itinéraire la planche II, page 28.)

D'Akcha, la route remonte au Sud-Ouest en suivant la rive droite de l'Onon jusqu'en face du village de Narassoun, où l'on passe la rivière en bac à rames (35 verstes 1/2). De ce point il ne reste plus que 97 verstes à franchir pour atteindre les mines. La route est, dans cette partie du trajet, utilisée presque uniquement pour le service des mines.

On compte en résumé :

> Des placers à Tchita . . . 406 verstes;
> Des placers à Strétinsk. . . 650 1/2 —

Topographie de la vallée de l'Onon. — La vallée de l'Onon, au point où elle coupe la frontière chinoise, a environ 20 verstes de largeur; à droite et à gauche s'élèvent deux rangées de collines ayant une altitude moyenne de 200 à 500 mètres au-dessus de la rivière. Vers l'est, la chaîne s'élève beaucoup et forme frontière avec la Chine, frontière qui est à une distance de 15 à 20 verstes des placers.

La Kyra, dont, je l'ai déjà dit, le confluent avec l'Onon se trouve en Mandchourie, coule du Nord-Nord-Ouest au Sud-Sud-Est. Elle reçoit sur sa gauche un affluent important, la Byrtza, qui vient se jeter dans la Kyra, au village de même nom.

Affluents aurifères. — Toute la région comprise entre la Byrtza à l'Ouest, la Kyra au Sud et l'Onon à l'Est, est aurifère et parsemée de placers plus ou moins exploités. Les principales vallées secondaires contenant des placers sont les suivantes, en allant de l'Est à l'Ouest. (Voir planche III, page 30.)

La Tyrine et les affluents de son système : la Khaverga et le Khaptcheranga.

Le Khangarok Inférieur, où se trouvent les exploitations de la Compagnie Belogolowy.

Le Moyen Khangarok et son affluent le Baïan-Zourga. Les exploitations de la Compagnie de l'Onon occupent la totalité de cette vallée.

Le Khangarok Supérieur, qui est inexploité.

Enfin la Byrtza, dont la plupart des affluents sont aurifères aussi. Ils ne sont exploités que sur un seul d'entre eux, à l'affluent

CARTE DU

Tome I Avec l'itinéraire de MM. Th. SABACHNIKOFF et LEVAT, de

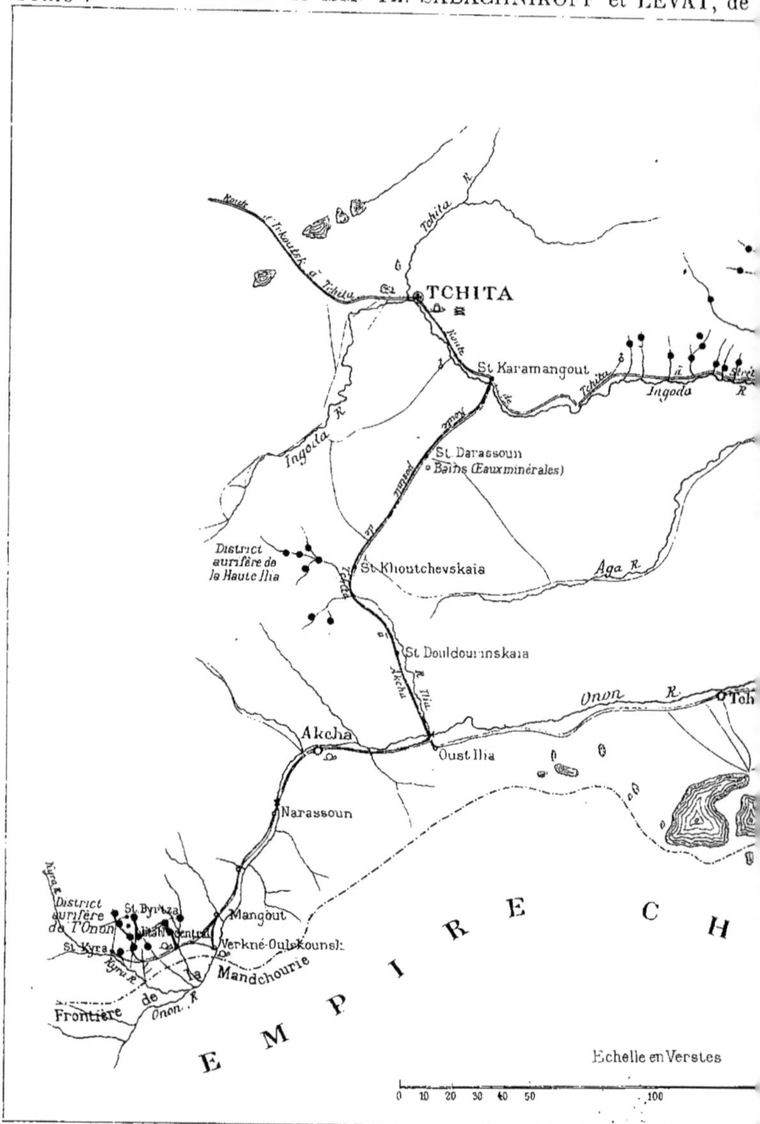

ÉDOUARD ROUVEYRE, ÉDITEUR A PARIS

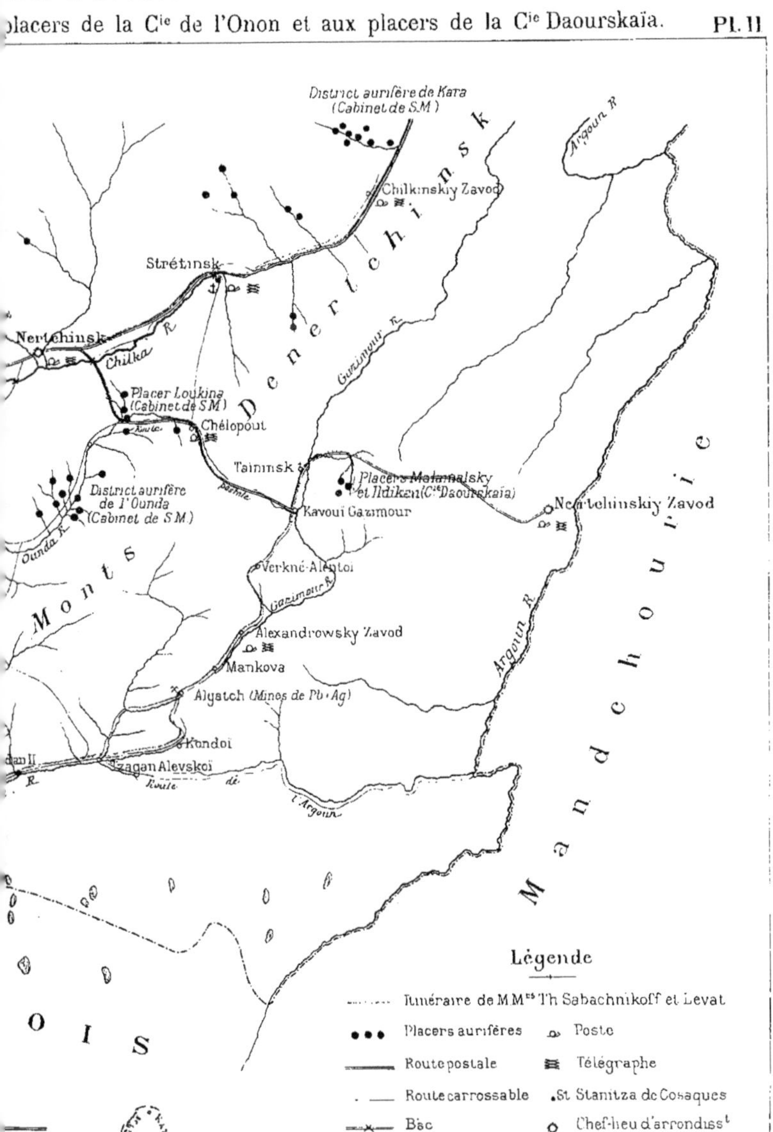

Légende

- - - - - - Itinéraire de MM^rs Th Sabachnikoff et Levat
●●●   Placers aurifères   ▱ Poste
_____   Route postale   ▦ Télégraphe
. ____ Route carrossable   . St Stanitza de Cosaques
__×__   Bac   ○ Chef-lieu d'arrondiss^t

Khatoun, où se trouve un placer exploité par le Cabinet de S. M.

La Tyrine et le Khangarok Inférieur sont des affluents directs de l'Onon, les autres se jettent dans la Kyra. La crête principale qui sépare les versants de l'Onon de ceux de la Byrtza, a une altitude moyenne au-dessus de la plaine de l'Onon, d'environ 400 mètres. Comme la cote de cette dernière rivière est, d'après les cartes d'État-major russe, de 820 mètres, au point où elle entre en Mandchourie, il en résulte que la hauteur moyenne des crêtes contenant les gisements qui nous occupent est d'environ 1220 mètres, au-dessus du niveau de la mer.

La plupart de ces montagnes sont déboisées, surtout les versants Sud exposés aux vents glacés du Gobi. L'épaisseur de la terre végétale sur ces versants est faible, de sorte que l'examen du terrain est presque partout très facile.

Constitution géologique.

L'ensemble de ces placers se trouve au sein de schistes gris ou noirs, argileux, se délitant rapidement au contact de l'air. Ils occupent toute la partie centrale de la chaîne qui sépare la Byrtza de l'Onon, et s'étendent ensuite dans la direction Nord-Est, Sud-Ouest. A l'Est et à l'Ouest apparaissent de grandes masses de granit émergeant, à savoir : à l'Est, toute la vallée de la Tyrine en est formée, ces granits traversent l'Onon et se continuent jusqu'en Mandchourie; à l'Ouest ils apparaissent sur la rive droite de la Byrtza, qui en est formée en totalité. C'est au sein de ces granits que se trouve le placer exploité par le Cabinet de S. M., dont j'ai parlé déjà. (Voir planche III, page 50.)

On peut donc considérer les gisements aurifères du Khangarok comme situés au sein d'une formation de schistes argileux azoïques, dont la direction générale, abstraction faite des plissements locaux, qui sont extrêmement nombreux, est Nord-Est, Sud-Ouest, compris entre deux massifs granitiques puissants, affleurant à l'Est dans la vallée de l'Onon, à l'Ouest dans celle de la Byrtza.

Nature des schistes. — Ces schistes sont métamorphisés dans le voisinage des granits, et transformés en schistes siliceux, dioritiques, parfois même en véritables phyllades, tout en conservant leur texture et leurs clivages naturels. Les schistes qui ont été soumis à ces actions, sont en général recoupés par de très nombreux filets et filons de quartz, qui seront décrits et classés plus loin.

Alignement granitique et filon d'aplite. — En outre de ces deux massifs granitiques, il existe un grand alignement de même nature réunissant ces massifs, en coupant les schistes de part en part, dans la direction Est-Ouest. Ces derniers sont donc pratiquement divisés en deux bassins. (Voir la coupe théorique générale, Planche IV, figures 5, 4 et 5, page 48.) C'est sur cet alignement, formé de granit et d'*aplite*, c'est-à-dire de *granit sans mica*, que s'échelonnent, pressées les unes contre les autres, toutes les concessions aurifères de la Compagnie de l'Onon et de ses voisins. C'est aussi sur le trajet de cet alignement granitique que se sont trouvés les plus riches placers, ainsi que les filons aurifères qui en dépendent. J'examinerai en détail ces filons dans le chapitre que je leur ai spécialement consacré. Pour m'en tenir à la question des placers, il convient de noter que les meilleures alluvions aurifères sont celles qui se trouvant dans les vallées qui recoupent à angle droit le grand filon d'aplite et de granit, surtout lorsque ces vallées s'épanouissent à sa rencontre, ont provoqué ainsi la formation d'une grande masse de débris aurifères que les eaux superficielles ont ensuite classés et enrichis. Tel est le cas du grand placer Blagoviestchensk qui va être décrit ci-dessous.

Tome I

CARTE GÉNÉRALE DU D

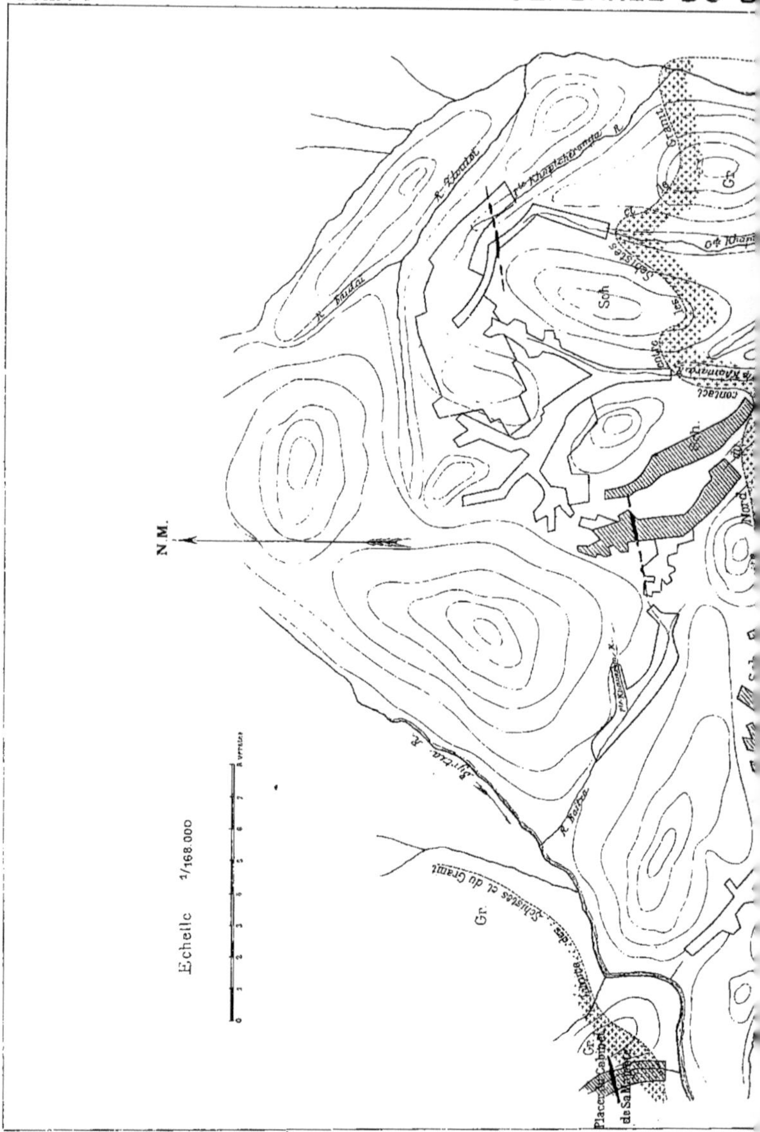

N. M.

Echelle   1/168.000

ÉDOUARD ROUVEYRE, ÉDITEUR A PARIS

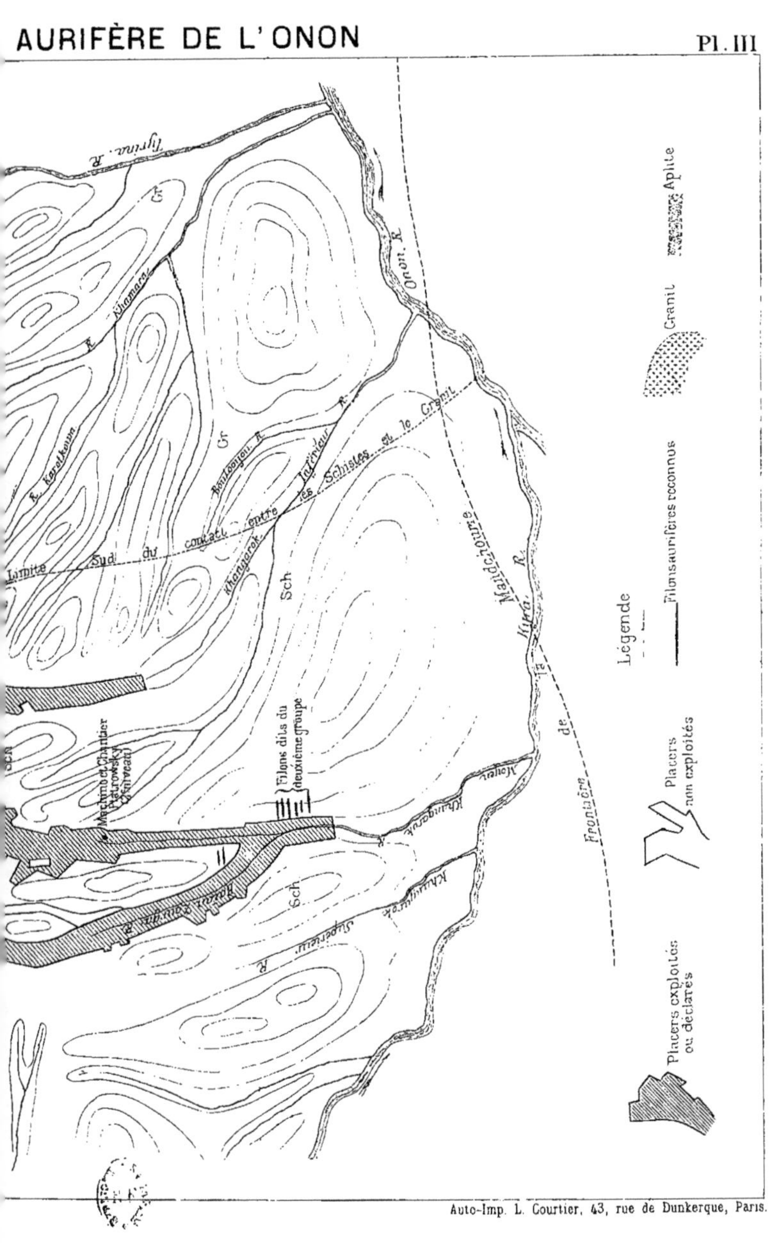
Tchina R.
Onon R.
Kharmara R.
Gr
E. Karakoun
Gr
Bantzagou R.
Interieur
Limite Sud du contact entre les Schistes et le Granit.
Khangarok
Sch
Mandchourie
Tji Kira R.
Frontière de
Mechinbet Chantier Patrowsky (1er niveau)
Sch
Filons dits du deuxième groupe
Khangarok R.
Sch
Khangarok R.
Supérieur R.
Légende
Placers exploités ou déclarés
Placers non exploités
Filons aurifères reconnus
Granit
Aplite

Description détaillée des placers de la Compagnie de l'Onon.

Voici la liste des concessions appartenant à la Compagnie, avec leur numéro d'ordre permettant de les retrouver sur le registre d'inscription du Service des Mines.

SITUATION DU PLACER	NUMÉRO DU SERVICE DES MINES	NOM DU PLACER	DATE DE SA DÉLIVRANCE	LOYER ANNUEL	LONGUEUR DU PLACER EN SAGÈNES
				Roub.	
Vallée de la Cerednié Khangarok	51	Blagoviestchensk. .	23 nov. 1887	375.	2.500
	50	Danielovsky	29 mars 1869	112.50	750
	44	Fedorovsky	29 mars 1874	62.63	450
	58	Vassiliévsky	11 mai 1882	369.	2.400
	31	Anninsky	23,24 sept. 1876	180.30	1.202
	14	Iévdakievsky. . . .	13 mai 1881	88.10	554
	19	Antonisky.	13 mai 1881	311.85	2.079
	17	Sergiévsky.	6 mai 1878	156.60	1.044
Vallée du Baïan-Zourga.	11	Supplément à Séra-fimovsky	13 mai 1878	101.55	677
	20	Innokentiévsky.. .	12 avril 1878	133 05	887
	21	Supplément à Novo Alexandrovsky.	13 mars 1878	92.70	618
	15	Novo Alexandrovsky	26 mars 1869	282.30	1.882
	23	Mikaïlovsky	2 déc. 1867	375.	2.500
Totaux. .	13 placers			2.640.58	17.508 sagènes

En instance pour l'obtention de la concession :

Kvartzévy.	Margaritinsky.
Sérafimovsky.	Saint-Michél Archange.
Goroblagodatsky.	Youlsky.

Je vais examiner successivement ces treize placers, et donner pour chacun d'eux des renseignements aussi complets et aussi dé-taillés que possible, permettant de se rendre compte de leur valeur.

I. — GROUPE DE LA RIVIÈRE CEREDNIÉ-KHANGAROK

Placer BLAGOVIESTSCHENSK

Ce placer a été découvert en 1867 et exploité sans interruption depuis cette époque. Il a donné des quantités d'or colossales. (Voir en face, page 33, le tableau de production de ce placer.)

Exploitation actuelle. — Actuellement il n'est exploité, en tant que lavage de sables aurifères proprement dits, qu'en un seul point, au chantier de l'entrepreneur Piatrovsky. Les autres ateliers, au nombre de 4, à savoir 3 dirigés par des entrepreneurs et 1 par l'Administration de la mine, ne font que laver une deuxième fois les anciens stériles de l'exploitation primitive. Ces déblais figurent ainsi deux fois dans le tableau de la page suivante, ce qui peut conduire à des appréciations erronées des quantités de déblais restant à relaver. En fait, on vit depuis quelques années sur ces relavages; c'est ce qui explique, avec d'autres raisons que nous examinerons plus loin, la décroissance constante de la teneur aux 100 pouds, que fait ressortir le tableau.

Résidus à laver une seconde fois. — Les résidus les plus riches sont ceux situés dans la partie amont du placer, aux environs de la maison d'Administration. Il y a là de fortes quantités à relaver. Il est d'autant plus facile de procéder rapidement à cette opération, que ces résidus sont déposés en dehors de l'excavation laissée par les travaux, de sorte que les chantiers de relavage ne peuvent être disposés de manière à ce qu'il n'y ait aucun transport à faire en remontée. On peut y installer un sluice au lieu d'un lavoir sibérien ordinaire.

Tableau donnant la production totale du placer.

ANNÉES	QUANTITÉS TRAITÉES		PRODUCTION D'OR				PRODUCTION TOTALE				RENDEMENT pour 100 poud
	Sagènes cub.	en 100 pouds.	Pouds.	Liv.	Zol.	Dol.	Pouds.	Liv.	Zol.	Dol.	Zol. Dol.
1868		68.881	15	55	50	50					0.83¾
1869		154.694	41	21	23						1.17½
1870		144.540	51	15	24						1.35
1871		107.718	37	3	79						1.24½
1872		129.000	40	22	76						1.19¾
1873		58.240	24	15	27						1.58
1874		104.048	48	10	6						1 74
1875		165.589	45	1	72						1. 5½
1876		185.984	54	6	56						1.11
1877		207.492	79	26	46						1.45½
1878		166.240	43	30	24						1. 1
1879		56.340	9	5	3		490	31	76	50	.59¼
1880		38.760	4	8	76						.40
1881		10.944	»	52	49						.27½
1882	2.970	55.640	7	9	21						.74¾
1883	3.630	43.560	7	20	9		510	22	45	50	.63¼
1884	3.600¼	43.200	7	8	28		517	30	75	50	.61½
1885	9.655¾	99.683	9	28	91		527	19	68	50	.35¾
1886	7.079	80.966	6	19	26		533	58	94	50	.29½
1887	8.023	86.175	7	27	17		541	26	15	50	.52¾
1888	8.763½	94.412	7	55	26		549	21	41	30	.50¾
1889	7.018½	82.744	9	34	56		559	16	1	50	.43¾
1890	6.855¼	75.761	7	31	»		567	7	1	50	.37¾
1891	2.551	30.610	5	»	82		572	7	83	50	.64½
1892	7.626¾	88.039	10	5	18	36	582	13	5	86	.42¾
1893	12.815⅛	144.450	12	10	8		594	25	15	86	.51¾
1894	10.067	120.804	8	15	48		602	38	61	86	.25½
27 ans	221.790⅛	2.592.570	602	38	61	86					

Soit comme valeur totale 602 × 50.000 fr. = **31 millions de francs.**

En principe, on peut être assuré que la totalité des résidus provenant de la première période, jusqu'à l'époque du décès de M. Vassili Nikitich Sabachnikoff en 1879, mérite d'être relavée.

De 1868 à 1879 on a travaillé 1.426.466 mètres cubes (ou 100 pouds) de sables aurifères, ayant rendu 490 pouds 51 liv. 76 zol. 50 dol. soit une teneur moyenne de 1 zolotnik 30 par 100 pouds (équivalent à 5 gr. 60 par mètre cube). Ce chiffre magnifique explique la richesse des résidus.

J'estime que sur ce cube total, il a déjà été relavé 400.000 mètres cubes dans différentes campagnes.

Cube restant à laver. — Pour le reste de ces résidus, il y a un bon tiers qui se trouve dans des endroits où leur reprise coûterait trop cher ou bien qui est recouvert ou mélangé de stériles, faute qui, malheureusement, a été fréquente. Je taxe donc à 600.000 mètres cubes la quantité de résidus à laver une deuxième fois existant sur le placer Blagoviestschensk.

On peut compter que la teneur moyenne retirée de ces matières sera de 20 dolis par 100 pouds. La moyenne actuelle est supérieure à ce chiffre et atteint 25 dolis, mais je crois sage de le diminuer de 15 pour 100 pour tenir compte de l'appauvrissement possible de ces résidus dont une partie a été lavée dès le premier traitement, avec des appareils moins imparfaits.

Or contenu. — Cette teneur de 20 dolis correspond à un poids d'or de :

$$\frac{600.000 \times 20}{96} = 125.000 \text{ zol.} = 52 \text{ p. } 22 \text{ l. } 8 \text{ zol.}$$

à retirer de ces matières par un deuxième lavage.

Terrains aurifères non touchés.

Il reste encore dans la partie haute du placer divers lambeaux d'alluvions aurifères riches qui n'ont pas encore été enlevés pour des raisons diverses, la plupart du temps parce qu'il y avait des déblais stériles importants à remanier. Il y en a aussi sous les maisons de la Compagnie, enfin sous les chemins, canaux, etc. Tous ces restes devront être enlevés lors du relavage des résidus qui les avoisinent. Ils peuvent représenter un poids d'or égal à celui que donneront les résidus, soit 50 pouds en chiffres ronds.

J'estime donc à 60 pouds la quantité d'or à retirer de la partie haute du placer. Mais ces lambeaux épars ne mériteraient pas à eux seuls l'installation de procédés perfectionnés, d'autant plus que par suite même de leur dispersion, ils se prêtent mal à l'organisation de chantiers réguliers.

Mais il existe un deuxième niveau aurifère qui n'a pour ainsi dire pas été touché et qui constitue l'intérêt majeur de ce placer.

Exploration du deuxième niveau.

En examinant attentivement les travaux anciens du placer Blagoviestschensk, situés entre la maison d'Administration et les chantiers Piatrowsky, j'avais été frappé par des indices qui me donnaient à penser que le niveau aurifère travaillé par cet entrepreneur n'était pas le même que celui qui avait été exploité en amont et qu'il devait y avoir un deuxième niveau aurifère encore inexploré au-dessous du premier, au contact même du « bed-rock ». J'avais déjà constaté d'ailleurs, dans une course précédente, que les travaux exécutés dans le placer Vassiliévsky, situé en aval des chantiers Piatrowsky, n'avaient pas atteint le bed-rock.

Pour résoudre la question il fallait avant tout connaître le profil en long de la vallée du Ccrednié Khangarok. Ce travail n'existant pas dans les archives de la Société, je l'ai exécuté dans

la deuxième quinzaine d'août 1895. J'ai reconnu que le niveau
aurifère supérieur, le seul exploité jusqu'à présent, avait, dans le
parcours en aval des chantiers Piatrowsky, une pente à peu près
régulière de 1,5 pour 100, tandis que le fond réel de la vallée,
le bed-rock proprement dit, mis à nu par les travaux en amont,
présente une pente très régulière aussi, variant de 2,25 à
2,50 pour 100. Il me paraissait donc certain que le niveau
exploité par Piatrowsk était bien distinct de celui qui a donné
jusqu'à ce jour les quantités d'or considérables, mentionnées au
tableau de la page 53.

Sondages exécutés sur le deuxième niveau. — Ces considérations ont été confirmées, non seulement par les résultats des
sondages effectués par Piatrowsky à l'époque où il a sollicité et
obtenu son contrat d'amodiation pour l'exercice 1894-1895, mais
encore par trois autres sondages exécutés par un employé de la
Compagnie qui désirait aussi obtenir un contrat. Il avait creusé
à cet effet, en aval des chantiers Piatrowsk *et dans le fond même
de l'excavation laissée par les travaux d'abatage du premier
niveau aurifère,* 5 puits atteignant le bed-rock et traversant le
deuxième niveau avec des teneurs supérieures à 1 zolotnik,
tandis que le niveau supérieur n'avait donné dans ce même
endroit que 40 dolis environ. Le doute n'était plus permis et il
restait seulement à s'assurer que ce deuxième niveau ne constituait
pas un simple nid aurifère, provenant d'une dépression locale
de l'ancien lit. La disposition des lieux ne me paraît pas de nature
à faire redouter une éventualité pareille; néanmoins, il ne sera
possible d'être fixé sur la valeur future de ce niveau, qu'après
qu'un nombre suffisant de sondages réguliers auront été méthodiquement exécutés sur son parcours. C'est là un travail d'une
certaine importance comme dépense à faire; je n'ai pas hésité à

conseiller son exécution immédiate pendant l'hiver 1895-1896 et des instructions détaillées ont été laissées dans ce sens, par M. Th. Sabachnikoff, après avoir déterminé les points où les lignes de fouilles devaient être exécutées et le nombre de ces fouilles. La vallée a dans cet endroit plus de 300 mètres de largeur.

Il est hors de doute que ce deuxième niveau devra être exploité *par des moyens mécaniques*, car il faut s'attendre à avoir des épaisseurs croissantes et probablement importantes de terrain stérile à manier au fur et à mesure qu'on descendra vers l'aval.

Une particularité importante de ce deuxième niveau, c'est la présence dans l'alluvion qui le compose, d'une proportion importante de pyrite de fer, en petits cristaux brillants, disséminés dans la masse argileuse d'un gris bleuâtre tirant sur le blanc, caractéristique. Cette couleur différencie nettement le deuxième niveau de la couche aurifère supérieure qui est de couleur jaune ocre tirant sur le rouge.

Cette pyrite se sépare difficilement de l'or et on en trouve de grandes quantités dans le lavoir, au moment des nettoyages journaliers.

J'ai fait un assez grand nombre d'analyses pour me rendre compte si cette pyrite est ou non aurifère. Voici les résultats auxquels je suis arrivé.

Proportion de la pyrite dans l'alluvion. — Un essai de lévigation d'un échantillon moyen de l'alluvion aurifère, exécuté à Paris, a donné 2 kilogr. 1/2 de pyrite par tonne d'alluvion, soit en prenant 2000 kilogr. pour le mètre cube de cette alluvion en place, ce qui n'est pas exagéré, une proportion de 5 kilogr. de pyrite par mètre cube en place.

Comme teneur de cette pyrite, deux essais opérés sur l'échantillon obtenu par le lavage sur une table couverte d'un drap que j'avais fait monter sur le conduit des tailings pendant mon séjour à l'Onon, ont donné :

Teneur en or : 52 gr. à la tonne = 19 zolot. 1/2 aux 100 pouds.

La totalité de cet or n'est pas amalgamable. D'après les essais faits à Paris, la proportion d'or libre, qui s'unit au mercure, est d'environ 70 pour 100 de l'or total contenu.

Il y a là une voie très intéressante ouverte à des perfectionnements ultérieurs. Cette pyrite est très facile à recueillir sur des tables de construction simple et peu coûteuse et l'amalgamation de l'or libre peut se faire dans un tonneau mis en mouvement par la machine de la Tchachka. Ces petits perfectionnements peuvent être effectués dès la campagne prochaine. Actuellement la totalité de l'or contenu dans cette pyrite est perdue.

Importance du deuxième niveau. — Je reviendrai d'ailleurs sur cette question en posant les conclusions de ce Rapport, mais on comprend, sans qu'il soit nécessaire d'y insister davantage, l'importance que peut avoir ce deuxième niveau, étant données la largeur de la vallée, sa longueur utile, sa pente régulière, tous éléments qui permettent d'espérer un gros cube exploitable, encore totalement vierge, indépendamment des résidus anciens à relaver et des parties encore intactes du premier niveau restant à enlever.

On voit en définitive que le placer Blagoviestschensk, malgré les grandes quantités d'or qu'il a déjà données, est loin d'être épuisé et que l'existence d'un deuxième niveau encore intact y est dès à présent démontrée.

Situation de l'opération sur ce placer au 3 septembre 1895. — Au 3 septembre 1895, date de mon départ de l'Onon, voici quelle était la position de la campagne sur le placer Blagoviestschensk :

Nombre des jours de travail effectifs : 122.
Cube passé aux lavoirs : 10.759.200 pouds.
Or produit, livré au Comptoir : 7 pouds 27.55.56.
Teneur moyenne 0/0 pouds : 0 zol. 26 1/4 dolis.
Nombre d'hommes employés : 255.
Nombre de chevaux   »   162.

Placer DANIELOVSKY.

Ce placer, situé en amont du précédent, lui fait suite immédiate. Il a été concédé à la Compagnie le 29 mars 1869,
mais son exploitation n'a commencé que beaucoup plus tard,
en 1879. Voici le tableau donnant la production totale de ce placer
depuis son origine :

ANNÉES	QUANTITÉS LAVÉES		PRODUCTION D'OR				PRODUCTION TOTALE				RENDEMENT par 100 pouds
	en sagènes cubes.	en 100 pouds.	Pouds.	Liv.	Zol.	Dol.	Pouds.	Liv.	Zol.	Dol.	Zol.
1879	.	31.248	4	25	63	.	.	.	.	.	0.54¾
1880	.	14.156	9	27	43	.	.	.	.	.	.80¾
1881	.	22.008	2	58	12	.	17	11	22	.	.49¼
1882	.	.	.	.	.	.	.	.	.	.	.
1883	.	.	.	.	.	.	.	.	.	.	.
1884	1.970½	23.646	4	1	57	.	21	12	59	.	.60¾
1885	.	.	.	.	.	.	.	.	.	.	.
1886	.	.	.	.	.	.	.	.	.	.	.
1887	.	.	.	.	.	.	.	.	.	.	.
1888	.	.	.	.	.	.	.	.	.	.	.
1889	541⅚	4.469	.	31	26	.	22	5	85	.	.64⅓
1890	876	8.000	.	27	28	.	22	31	17	.	.31⅓
1891	.	.	.	.	.	.	.	.	.	.	.
1892	69¼	850½	.	2	73	.	22	50	90	.	.50½
1894	591¼	7.095	.	21	60	.	23	15	54	.	.28
8 années.	10.875½	141.432½	23	15	54	.	.	.	.	.	.

Lignes d'enrichissement de ce placer. — Ce placer englobe toute la haute vallée du Cerednié Khangarok; il y forme une vaste patte d'oie dont le rameau le plus oriental, aboutissant au pied des travaux de la concession Iévgrafsky (exploitations minières de la C.ⁱᵉ Belogolowy), a été seul l'objet d'une certaine exploitation et de travaux de sondage systématiques, qui remontent d'ailleurs à la période antérieure à 1879.

La richesse de cette branche est concentrée sur la rive gauche du premier affluent gauche qu'elle contient, ce qui était d'ailleurs à prévoir, le filon d'aplite étant situé sur cette même rive.

Les autres affluents occupés par le placer Danielowsky étant situés en amont du point où le filon d'aplite traverse la vallée du Cerednié Khangarok, ne peuvent avoir été enrichis que par des filons parallèles ou adventifs situés au Nord de l'aplite, ce qui n'a rien d'impossible à priori. Il a été fait quelques recherches dans ce sens à l'époque de la direction Gellert, mais les archives locales ne contiennent aucun renseignement sur les résultats obtenus, de sorte que je n'ai pu être fixé sur ce point.

Valeur de ce placer. — Somme toute, je considère ce placer comme étant de second ordre comme importance au point de vue purement minier. Il a au contraire un certain intérêt au point de vue des filons aurifères qui peuvent se trouver au Nord du grand filon d'aplite. Un échantillon prélevé par moi dans la concession Anninski que traversent ces mêmes filons a donné des résultats qu'on trouvera consignés à la page suivante.

Danielowsky a aussi une importance majeure pour l'approvisionnement en eau des placers d'aval. Cet avantage essentiel lui donne une grande valeur; c'est un placer qui ne doit être abandonné sous aucun prétexte, tant que dureront les exploitations en aval, dans les placers Blagoviestschensk et Vassilievsky.

Le placer Danielowsky n'a été l'objet en 1895 d'aucune exploitation suivie. Il a été pris une tranche d'alluvions aurifères dans le fond d'un ancien réservoir, situé sur la limite de ce placer et du placer Blagoviestschensk. Ces matières ont été lavées par l'entrepreneur Drakine.

Placer ANNINSKY

Fait suite au précédent vers l'amont. Concédé le 25/24 septembre 1876, a été acheté par la Compagnie en 1894.

On y a reconnu par des tranchées superficielles plusieurs filons de quartz, parallèles au filon d'aplite.

Un échantillon de quartz pris à la surface du sol prélevé sur le plus puissant de ces filons m'a donné à l'analyse :

Or contenu (aux 100 pouds) : 10 dolis.

Cette teneur est beaucoup trop faible pour être exploitable, mais elle démontre l'existence de la venue aurifère, au toit du filon d'aplite aussi bien qu'au mur. Elle est intéressante à noter.

Il n'a pas été fait de sondages sur les alluvions de ce placer.

Placer FEDOROVSKY.

Ce placer est situé sur le premier affluent droit du Cerednié Khangarok, qui se trouve en amont de la maison d'Administration.

Concédé le 29 mars 1874, il n'a été l'objet de travaux qu'à deux reprises différentes en 1881 et en 1894. Il est inexploité actuellement. Le filon d'aplite le traverse en écharpe dans sa partie

42 L'OR EN SIBÉRIE ORIENTALE.

inférieure, de sorte que la majeure partie du placer échappe à son action enrichissante.

Voici le tableau de la production totale de ce placer.

ANNÉES	QUANTITÉS LAVÉES		PRODUCTION D'OR				PRODUCTION TOTALE				RENDEMENT aux 100 pouds.
	Sagènes cub.	en 100 pouds.	Pouds.	Liv.	Zol.	Dol.	Pouds.	Liv.	Zol.	Dol.	
1881	2.043	24.516	2	2	34	.	.	.	.	.	Dol. .30$\frac{3}{4}$
1894	535	6.420	.	24	19	.	2	26	53	.	.34$\frac{2}{3}$
2 années	2.578	50.936	2	26	53	.	.	.	.	.	.

Avenir de ce placer. — Ce placer ne me paraît pas appelé à un grand avenir, vu sa position par rapport à la zone aurifère. Son exploitation à deux reprises, en 1881 et 1894, a été désastreuse; mais il faut dire que le lavage a dû être bien imparfait, car l'entrepreneur Drakine a fait sa campagne, en 1895, sur les déblais du placer Fedorovsky, en y ajoutant un très petit cube provenant du placer Danielovsky, et il a obtenu un rendement de 27 dolis alors que le premier lavage avait donné, comme on le voit par le tableau qui précède, 31 dolis seulement.

Il y aurait à faire quelques recherches dans la partie haute de ce placer, où passent deux à trois filons de quartz et d'aplite bien visibles quand on suit la route qui mène de la maison d'Administration à la vallée du Baïan-Zourga. Ces filons peuvent avoir donné lieu à un enrichissement local des alluvions de l'affluent; mais ces travaux n'offrent pas d'intérêt immédiat et peuvent sans inconvénient être remis à plus tard.

Placer VASSILIÉVSKY.

Ce placer occupe la vallée du Cerednié Khangarok et fait immédiatement suite en aval, au placer Blagoviestschensk. Il se soude aussi, au point où l'affluent Baïan-Zourga débouche dans le Cerednié Khangarok, avec le placer Mikaïlowsky.

Concédé le 11 mai 1882, il a été exploité en 1890 et en 1891. Il n'y est fait actuellement aucun travail d'extraction de sables ni de relavage des anciens déblais.

Sa longueur suivant le cours de la rivière est de 5 verstes, maximum de ce qui est autorisé par la loi minière.

Voici le tableau de sa production :

ANNÉES	QUANTITÉS LAVÉES		PRODUCTION D'OR				PRODUCTION TOTALE				RENDEMENT aux 100 pouds.
	Sagènes cub.	en 100 pouds.	Pouds.	Liv.	Zol.	Dol.	Pouds.	Liv.	Zol.	Dol.	
1890	3.576	40.512	5	2	72	.	.	.	.	.	Zol. .27¾
1891	2.617	31.400	2	1	74	.	5	4	50	.	.24
2 années	5.993	71.912	5	4	50	.	.	.	.	.	.

Travaux Staratiéli. — Les campagnes qui ont été exécutées sur ce placer ont été faites par des « Staratiéli » et ont donné, paraît-il, de mauvais résultats. J'ai visité leurs anciens chantiers pour me rendre compte de la raison de leur abandon.

Composition de l'alluvion. — La puissance du stérile au-dessus de la première couche aurifère ne dépasse pas 1 mètre. La couche elle-même a une épaisseur de 1 mètre aussi. Il y avait donc fort peu de déblais stériles à remanier.

D'autre part on se trouvait dans le 1ᵉʳ niveau aurifère dont la pente, comme je l'ai déjà, dit est assez faible, de sorte que la majorité de l'or gros était déposé en amont ou dans le deuxième niveau et que la couche supérieure ne contenait plus que de l'or fin, que les appareils des Staratiéli sont inhabiles à retenir.

L'absence de pépites d'un certain volume ne permettant pas le vol, qui est un des éléments sur lesquels comptent les Staratiéli pour arrondir leur journée, le chantier en question devait donc leur paraître désavantageux.

La couche n'est cependant pas mauvaise, car j'ai trouvé de tous côtés des trous et des fouilles fraîches creusées par les voleurs d'or, qui viennent travailler à la batée pendant la nuit sur ce chantier éloigné du centre d'exploitation d'environ 5 verstes et peu surveillé. Or les orpailleurs marrons ne lavent guère de sables tenant moins de 50 dolis aux 100 pouds.

Terrain libre en aval du placer.

J'estime que ce premier niveau exploité à la drague en même temps que le 2ᵉ niveau, donnera d'excellents résultats. Il sera nécessaire, si les travaux de sondage du deuxième niveau répondent à mes prévisions, de se préoccuper de la partie située entre le placer Vassiliévsky et l'embouchure du Cerednié Khangarok. Il reste encore environ 5 verstes de terrain libre, qu'il importera de demander en concession non seulement en vue des alluvions aurifères du 2ᵉ niveau qui pourront s'y trouver, mais aussi pour éviter les réclamations et les chantages qui pourraient surgir lorsqu'on enverra sur ces terrains les eaux chargées de boue, nuisibles pour les pâturages. Ces derniers sont assez développés dans le bas de la vallée; une population stable de Bouriates y vit à poste fixe et s'y livre même à la culture. Il importe à ces divers points de vue d'être prudents et prévoyants de l'avenir. La vallée du moyen Khangarok s'élargit beaucoup dans la partie inférieure de son parcours et sa pente longitudinale devient presque insignifiante, condition favorable au dépôt de l'or si, comme il y a lieu de le supposer, l'or fin des gîtes primitifs a été entraîné jusque-là par les eaux.

Sondages dans la plaine. — Il a déjà été fait quelques sondages dans cette partie de la vallée. Ils sont très anciens et à peine visibles sur le sol ; on n'a pu me donner aucun renseignement sur l'époque où ils ont été effectués et sur les résultats donnés par eux. En tout cas ils n'ont atteint que le premier niveau aurifère. Des essais de lavage opérés sur les déblais sortis ont donné des traces, non pondérables, d'or. Ces travaux se trouvent à peu de distance de la Kyra, en face de la maison du chaman bouriate et à environ 4 verstes en aval du point où se termine le placer Vassiliévsky.

Je passe maintenant aux placers de la vallée du Baïan-Zourga.

---

12. — GROUPE DE LA VALLÉE DU BAIAN-ZOURGA

Placer NOVO ALEXANDROVSKY.

Ce placer, qui est le plus ancien et le plus riche de la vallée, a été concédé le 26 mars 1869. Il a été exploité depuis 1873 jusqu'à ce jour, sauf deux années d'interruption en 1883 et 1884. Malgré ses dimensions transversales très faibles, car en certains endroits la rivière, encaissée entre deux penchants abrupts, a à peine quelques dizaines de mètres de large, ce placer a donné jusqu'à ce jour plus de 90 pouds d'or. Voici le tableau d'ensemble :

ANNÉES	QUANTITÉS LAVÉES		PRODUCTION TOTALE				PRODUCTION D'OR				RENDEMENT aux 100 pouds.
	Sagènes cub.	en 100 pouds.	Pouds.	Liv.	Zol.	Dol.	Pouds.	Liv.	Zol.	Dol.	Zol.
1873	.	29.100	.	20	87	42	.	.	.	.	.66
1874	.	24.105	6	1	65	.	.	.	.	.	.92
1875	.	52.070	9	13	56	.	.	.	.	.	1.11¼
1876	.	55.112	13	10	69	.	.	.	.	.	1.43
1877	.	40.002	18	56	59	.	.	.	.	.	1.78¼
1878	.	34.404	12	5	83	.	.	.	.	.	1.54
1879	.	11.100	1	20	29	.	.	.	.	.	.50
1880	.	576	.	4	72	.	.	.	.	.	.76
1881	.	8.745	2	10	56	.	.	.	.	.	.95¼
1882	640	7.680	.	29	59	.	64	53	95	42	.35¼
1883	.	.	.	.	.	.	.	.	.	.	.
1884	.	.	.	.	.	.	.	.	.	.	.
1885	618¾	6.909	2	1	47	.	66	55	46	42	1.12⅓
1886	5.007	55.322	7	9	10	.	74	5	20	42	.51
1887	2.471	25.411	3	8	54	.	77	15	54	42	.46½
1888	954¼	9.944	1	52	89	.	79	6	47	42	.67½
1889	1.189½	12.162	1	26	74	.	80	55	25	42	.50¼
1890	628½	7.072	.	56	35	.	81	29	60	42	.47⅓
1891	991	11.890	5	6	47	.	84	36	11	42	1.
1892	748	8.851	1	21	22	84	86	17	54	50	.88⅔
1893	1.051⅞	11.857	2	0	73	.	88	18	11	50	.62¾
1894	868½	10.425	1	13	66	.	89	55	77	50	.49¼
20 années	50.900⅜	555 505	89	55	77	30					

Position du placer. — On voit que la production de ce placer a beaucoup baissé depuis 1879. Son exploitation a pu être très rapide, car il occupe le fond d'une vallée très encaissée et très étroite avec forte pente longitudinale. Les sables aurifères sont peu argileux, très oxydés, colorés en rouge par l'oxyde de fer. Il sera facile de les relaver dans un sluice dont l'emploi se trouve tout indiqué pour la reprise des résidus provenant du premier lavage. Il y a toute la pente et toute la place nécessaires pour loger les déblais produits par cette méthode.

Déblais à laver une deuxième fois. Cubage. Or contenu. — On peut admettre que tout ce qui a été exploité avant 1882 est bon à relaver et rendra au minimum 30, plus probablement 40 dolis aux 100 pouds. J'estime qu'on a déjà traité 40 000 mètres cubes des résidus les plus riches, mais il en reste encore 150 000 qui rendront, à raison de 30 dolis seulement, 12 pouds et 8 livres d'or.

Exploitation actuelle. Opération 1894-1895. — Actuellement il y a un seul chantier de lavage des résidus en activité sur le placer Novo Alexandrovsky. Il est exploité par l'entrepreneur Fiélatoff. Voici quel était l'état de sa campagne au 31 août 1895, date de ma dernière visite à ce placer :

Nombre des jours de travail.	118
Nombre des jours de fêtes chômées.	10
Or produit livré au Comptoir.	1 poud 31.63.84
Nombre de pouds lavés.	1.457.700
Teneur moyenne aux 100 pouds.	45 dolis ¼
Nombre des ouvriers employés.	50
Nombre des chevaux employés.	44

En sus de cette entreprise, il a été donné quelques travaux aux « Staratieli », qui ont rendu 84 zolot. 12, de sorte que la production totale a été en réalité, à la fin d'août, de 1 poud 52 zol. 52 dol.

Je n'ai pas vu de parties d'une certaine importance, encore vierges restant à enlever dans ce placer qui est très étroit, et qui ne constituait en fait qu'un vaste sluice naturel qui a été nettoyé en quelques années. Il y a plus de chances de trouver des morceaux encore intacts en aval, dans les placers Sergiévsky et Innokentiévsky en face desquels la vallée s'élargit subitement.

Approvisionnement d'eau. — L'eau est assez rare dans le placer et il faut compter, pour le lavage au sluice, relever avec une pompe à vapeur toute l'eau nécessaire pour cet appareil. Il y a à cet effet, plusieurs réservoirs déjà faits, qui pourront être utilisés à peu de frais. Les machines à vapeur ne manquent pas non plus sur les lieux mêmes et elles sont en excellent état. Il sera seulement nécessaire de leur faire commander des pompes centrifuges pour remonter l'eau, au lieu de les atteler sur des appareils primitifs comme les norias avec godets en cuir ou en toile, qui sont actuellement employés sur tous les chantiers de la Compagnie de l'Onon, où il est nécessaire d'utiliser plusieurs fois la même eau.

Placers | **IÉVDAKIÉVSKY.**
Supplément à SÉRAFIMOVSKY.
MARGARITINSKY.
KVARTZEVY.

Tous ces placers ou plutôt toutes ces concessions n'ont d'intérêt que par les filons de quartz qu'elles contiennent. Ils seront examinés au chapitre III. Il me reste à parler, pour achever l'examen des alluvions aurifères du Baïan-Zourga, des placers situés entre Novo Alexandrovsky et le confluent avec le Cerednié Khangarok.

Placer « Supplément à Sérafimovsky ». — Je dois noter cependant que le placer « Supplément à Sérafimovsky » a été l'objet pendant une année, en 1879, d'une exploitation pour alluvions aurifères. Le placer comprend en effet dans sa partie inférieure une petite portion de l'ancien lit aurifère du Baïan-Zourga. La longueur n'est pas considérable, mais par contre la teneur des sables qu'on y a trouvés a été exceptionnellement favorable.

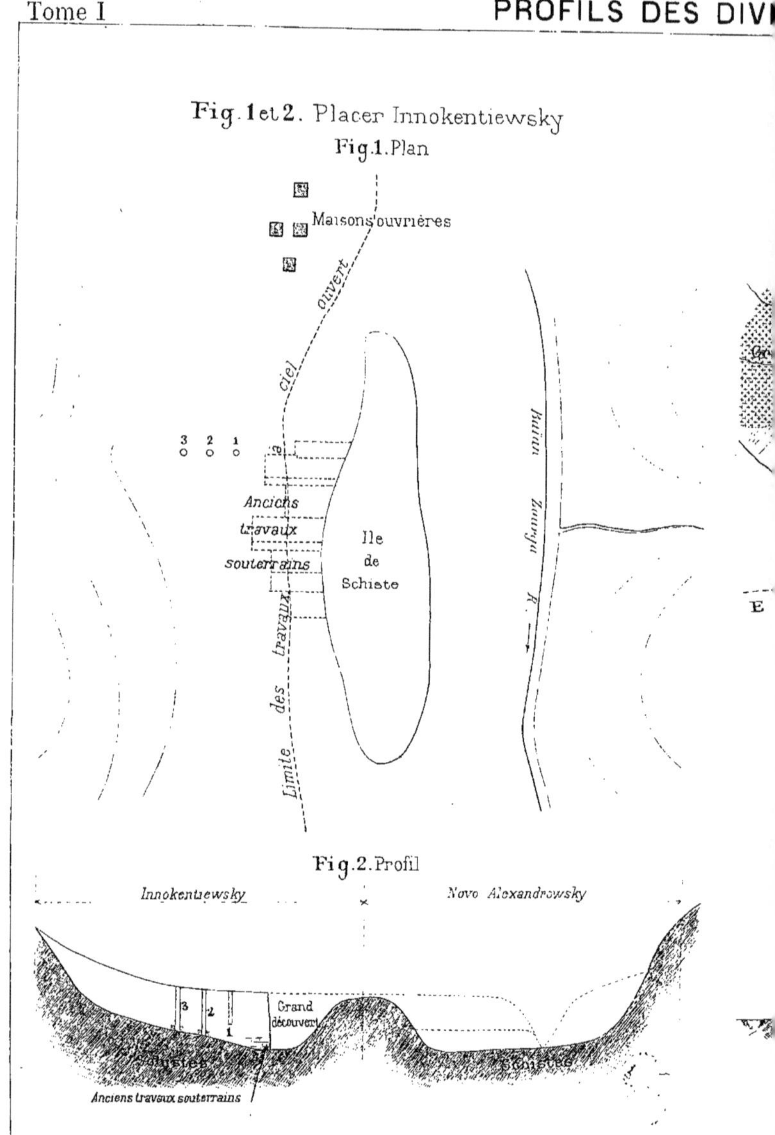

Fig. 1 et 2. Placer Innokentiewsky
Fig. 1. Plan
Maisons ouvrières
ciel ouvert
3 2 1
Anciens
travaux
souterrains
Ile
de
Schiste
Limite des travaux
Fig. 2. Profil
Innokentiewsky
Novo Alexandrowsky
3 2 1
Grand
découvert
Anciens travaux souterrains

4 et 5. Plan et coupes générales de la formation aurifère de l'Onon

ig. 3.

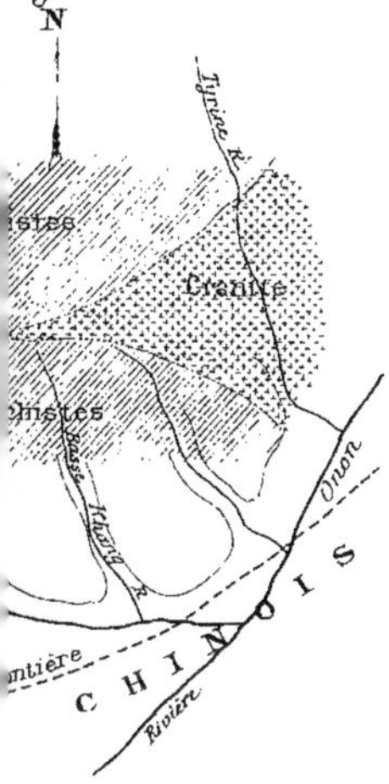

Fig.4.

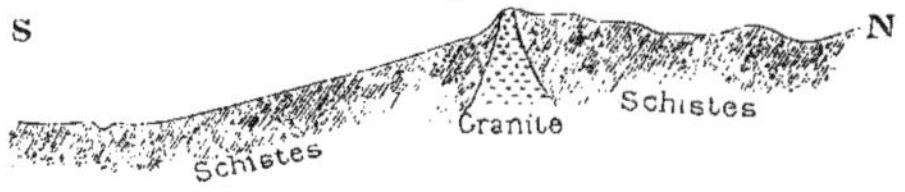

Fig.5.

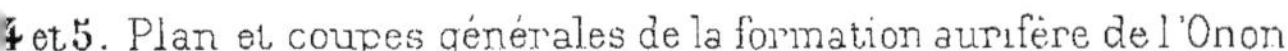

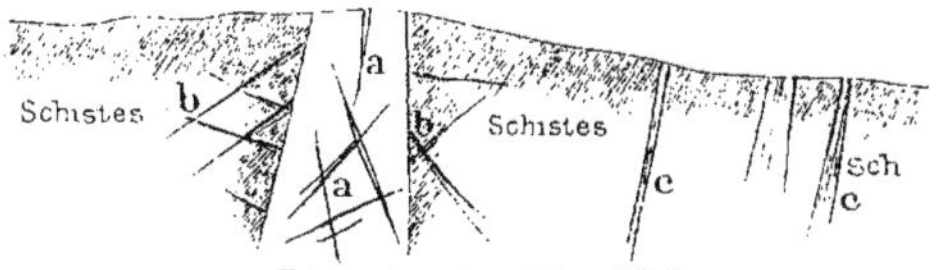

a a — Filons de retrait dans l'Aplite
b b — Filons adventifs dans les Schistes
c c — Filons parallèles dans les Schistes

Fig.7 et 8. Coupe et plan des filons du groupe Sud

Fig.7.

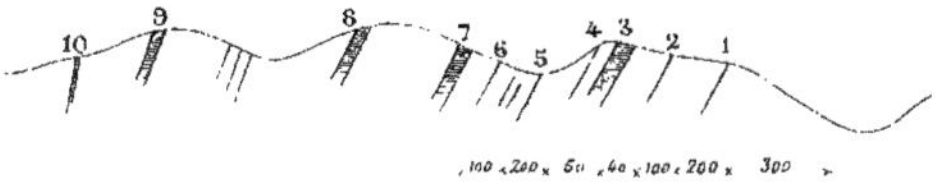

, 2e niveau aurifère
er Piatrowsky)

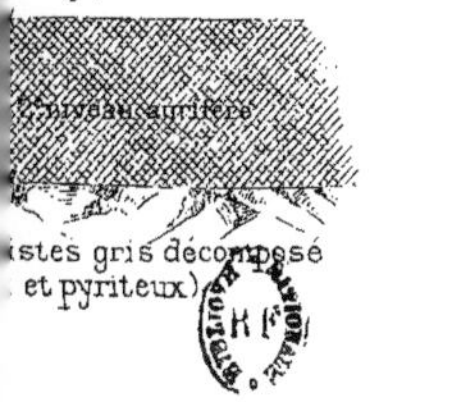

Fig.8.

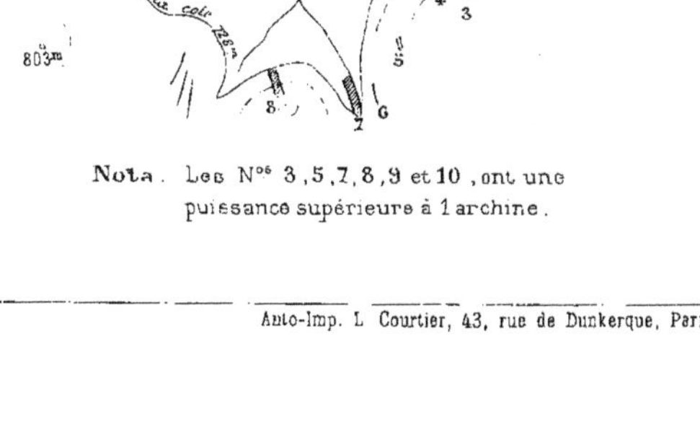

Nota. Les Nos 3, 5, 7, 8, 9 et 10, ont une puissance supérieure à 1 archine.

Auto-Imp. L. Courtier, 43, rue de Dunkerque, Paris.

L'ancien lit aurifère formait une île en cet endroit et l'élargissement produit par la présence de cet accident naturel, a été la
cause de l'enrichissement constaté. Voici le tableau de production
de ce placer :

ANNÉES	QUANTITÉS LAVÉES		PRODUCTION D'OR				RENDEMENT aux 100 pouds.
	Sagènes cub.	en 100 pouds.	Pouds.	Liv.	Zol.	Dol.	
1879	2.298	27.576	12	6	36		Zol. Dol. 1.66

Je viens de dire que cet enrichissement formait une sorte de nid
aurifère, en aval d'un point où la rivière formait une île, encore
bien visible. Cette sorte de remous se trouve justement sur un
filon d'aplite, bien visible et distinct du grand filon principal,
qui traverse la vallée à 400 mètres plus haut. De ce filon secondaire dépend évidemment le filon de quartz aurifère contenu
dans la concession dont je parle et sur lequel j'ai donné les
indications nécessaires, pour qu'il y soit fait un sérieux travail
de reconnaissance (Voir Chapitre IV, page 116).

Il y a sur le placer « Supplément à Sérafimovsky » des déblais
riches à relaver et ils pourront être travaillés au sluice, car il y
a de la pente. Leur cubage n'a pas été fait.

Les placers « Supplément à Novo Alexandrovsky » et « Anto-
ninsky » n'ont pas de valeur minière proprement dite ; le dernier
a été pris à cause de la forme plate du terrain, qui a permis d'y
installer les habitations et le bureau du centre minier de Baïan-
Zourga, l'autre a une valeur de convenance pour empêcher
qu'un tiers ne vienne s'enclaver au milieu des concessions de la
Compagnie, coupant ainsi la continuité des divers placers depuis
le Moyen-Khangarok jusqu'au Baïan-Zourga.

4

Placer SERGIEVSKY.

Ce placer est contigu au Novo Alexandrovsky et s'étend sur la rive droite du Baïan-Zourga. Concédé le 5 mai 1878, il a été exploité avec de brillants résultats pendant la période qui s'étend entre 1880 et 1890, sauf une année d'interruption (1889).

Enrichissement par épanouissement. — Il constitue un exemple frappant de l'enrichissement d'une alluvion aurifère par épanouissement. Situé en effet au débouché de l'étroit couloir incliné, qui constitue le placer Novo-Alexandrovsky, dans une partie relativement élargie, il a profité du dépôt en masse des matières aurifères entraînées par les eaux, qui se sont décantées dans cet espace en y perdant leur vitesse.

Ce placer est actuellement inexploité.

Voici son tableau de production totale :

ANNÉES	QUANTITÉS LAVÉES		PRODUCTION D'OR				PRODUCTION TOTALE				RENDEMENT aux 100 pouds.
	Sagènes cub.	en 100 pouds.	Pouds.	Liv.	Zol.	Dol.	Pouds.	Liv.	Zol.	Dol.	Zol.
1880	.	59.024	10	23	67	.	.	.	.	.	1. $4\frac{1}{4}$
1881	.	50.620	7	39	85	.	.	.	.	.	1. $0\frac{1}{4}$
1882	2.319	23.570	14	18	11	.	.	.	.	.	2.56
1883	2.000	20.414	6	21	54	.	39	23	25	.	1.22
1884	1.560	16.520	8	50	8	.	48	15	22	.	2. $5\frac{3}{4}$
1885	1.852	21.254	7	24	65	.	55	38	2	.	1.55$\frac{1}{4}$
1886	730	7.300	2	29	18	.	58	27	9	.	1.41$\frac{3}{4}$
1887	275	2.750	.	35	89	.	59	25	2	.	1.24$\frac{1}{3}$
1888	199$\frac{1}{2}$	2.223	.	18	41	.	60	1	45	.	.76$\frac{1}{2}$
1889	.	.	.	.	.	.	.	.	.	.	.
1890	221$\frac{1}{4}$	2.655	.	21	45	.	60	25	1	.	.74$\frac{1}{3}$
10 années	14.760$\frac{1}{4}$	165.940	60	23	1						

Travaux souterrains. — L'épaisseur des terrains stériles superficiels était si grande, qu'on a adopté, en partie, la méthode par tailles souterraines pour l'abatage des matières aurifères. Il n'a malheureusement pas été tenu de plan d'ensemble de ces travaux, qui sont à présent entièrement éboulés, de sorte qu'il n'est pas possible de savoir, autrement que par les dires des anciens employés et mineurs, ce qui reste encore à enlever. En général, les renseignements oraux de ce genre, sont empreints d'une grande exagération. A les entendre, il resterait encore beaucoup de bonnes alluvions à enlever dans la partie centrale du placer, mais il ne me paraît pas possible de donner de chiffre à l'appui, sans quelques sondages préalables.

Cube à repasser. Or contenu. — On peut tabler par contre sur le relavage des 165.000 mètres cubes provenant du premier traitement des sables aurifères de Sergiévsky. Ces matières ne rendront pas plus de 25 dolis, car le lavage a été fait soigneusement et la nature des sables permettait de les bien dépouiller. On peut compter néanmoins sur un poids d'or de 11 pouds, 7$^{liv.}$. 54$^{zol.}$. 44$^{dol.}$, à provenir du relevage de ces matières.

Placer INNOKENTIEVSKY.

Situé à la suite et en aval du précédent, il confine à l'Est le Novo Alexandrovsky. Concédé le 12 avril 1874, il a été exploité sans interruption de 1882 à 1892, sauf pendant les années 1886 et 1889, où les travaux ont été suspendus.

Inexploité en ce moment.

Dépôt par élargissement. — Ce placer se trouve dans le même

52 L'OR EN SIBÉRIE ORIENTALE.

cas que le Sergiévsky. C'est aussi un dépôt aurifère dû à l'élargissement de la vallée. La rivière contenait une île, peut-être
plusieurs, de sorte que les lits aurifères se divisent en un grand
nombre de branches, ce qui complique leur recherche. Il y avait
un bras qui a été complètement exploité dans le placer Novo
Alexandrovsky et un autre dans l'Innokentievsky. C'est ce qu'expliquent le plan et la coupe de ce placer tel que je l'ai représenté
dans les figures 1 et 2 de la planche IV (p. 48).

Voici le tableau de sa production totale :

ANNÉES	QUANTITÉS LAVÉES		PRODUCTION D'OR				PRODUCTION TOTALE				RENDEMENT aux 100 pouds.
	Sagènes cub.	en 100 pouds.	Pouds.	Liv.	Zol.	Dol.	Pouds.	Liv.	Zol.	Dol.	
											Dol.
1882	455	4.550	.	35	95	.	.	35	95	.	.75
1883	812¾	9.747	4	4	8	.	5	.	5	.	1.59
1884	1.551	15.510	5	19	65	.	10	19	68	.	1.56
1885	271⅖	2.714	1	4	55	.	11	24	27	.	1.55⅓
1886	.	.	.	.	.	.	.	.	.	.	.
1887	1.982	22.895	4	36	35	.	16	20	60	.	.79
1888	1.805⅙	18.190	5	1	28	.	21	21	88	.	1.5¾
1889	.	.	.	.	.	.	.	.	.	.	.
1890	2.527¼	25.275	7	51	95	24	29	13	87	24	1.27¼
1891	1.277	12.770	.	51	57	.	30	5	48	24	.22¾
1892	1.658½	16.585	1	18	57	60	51	25	85	84	.52¼
9 années	11.917⅚	124.410	31	25	85	84					

Travaux souterrains. — L'épaisseur des stériles atteignait
9 à 10 mètres, de sorte que la majeure partie de l'exploitation se
faisait souterrainement. D'après l'aspect des lieux, elle n'a pas
porté sur la totalité du lit aurifère, de sorte qu'il reste encore
des parties intactes à enlever, mais en l'absence de plans et de
sondages, il n'est pas possible d'en faire l'estimation. Il a été

exécuté récemment 5 puits de recherches dans la partie qui n'avait pas été atteinte par les galeries. Le premier puits a été inondé à 26 archines de profondeur, sans avoir atteint la couche aurifère. Les deux autres, situés sur la même ligne que le premier, ont trouvé le bed rock à 24 archines avec traces d'or. Il y avait probablement une ile en ce point. Ces recherches sont insuffisantes pour éclairer la question de l'avenir de ce placer.

Cube à relaver. — Or contenu. — Il y a environ 80.000 mètres cubes de déblais à relaver qui rendront 25 dolis par 100 pouds, soit en totalité 5 pouds 7^{liv}. 75^{zol}.

Placer MIKAÏLOVSKY.

Ce placer occupe le fond de la vallée de Baïan-Zourga, depuis la limite Sud du Novo Alexandrowsky jusqu'au confluent du Khargarok, point où il se soude au placer Vassilévsky. C'est donc un placer thalweg, qui occupe une situation favorable.

Concédé le 2 décembre 1867. Il n'a été fait que 5 campagnes sur ce placer. En voici le résultat :

ANNÉES	QUANTITÉS LAVÉES		PRODUCTION D'OR				PRODUCTION TOTALE				RENDEMENT aux 100 pouds.
	Sagènes cub.	en 100 pouds.	Pouds	Liv.	Zol.	Dol	Pouds.	Liv.	Dol.	Zol.	
											Dol.
1870	50	600	.	1	10	48	.	1	10	48	.17
1891	2.855	54.020	4	4	5	.	4	5	15	48	.44$\frac{1}{4}$
1892	2.387$\frac{1}{2}$	28.650	3	56	52	.	8	1	67	48	.50$\frac{1}{2}$
1893	.	.	.	.	.	.	.	.	.	.	.
1894	1.270$\frac{1}{2}$	15.554	1	17	90	.	9	19	61	48	.54$\frac{3}{4}$
4 années	6.552	78.620	9	19	61	48					

Aucun travail n'y a été exécuté pendant la campagne 1895.

Comme on le voit, ce placer a été très peu exploité ; en réalité, toute sa partie inférieure reste encore à prendre. Il y a été fait des sondages très encourageants, car plusieurs puits ont donné des teneurs supérieures à 1 zolotnik ; malheureusement, les plans de sondage de ce placer, qui m'ont été communiqués, et que j'ai soigneusement vérifiés sur place, même ne concordent pas avec l'état des lieux, de sorte qu'il n'est pas possible de se fier à eux pour faire une estimation du poids d'or que donnera ce placer.

Parties vierges à exploiter. — L'épaisseur du stérile est faible et ne dépasse pas 2 mètres. L'exploitation par drague est tout indiquée, le terrain est en pente douce, la vallée est large et marécageuse. La longueur à laquelle cette méthode s'appliquera est d'environ 2 verstes. Il sera intéressant de voir si le niveau aurifère de Baïan-Zourga correspond au niveau supérieur ou au niveau inférieur du Khangarok ; car je n'ai pas pu constater nettement dans Baïan-Zourga les caractères distinctifs de l'existence d'un deuxième niveau aurifère.

Sondages au confluent. — Il sera exécuté pendant l'hiver 1895-96 une grande ligne transversale de puits de sondage au confluent des deux rivières. Ce travail fixera définitivement les idées sur ce dernier point.

J'estime que, vu la forte pente de la vallée de Baïan-Zourga et son peu de longueur, l'or gros aura été entraîné plus loin, comparativement, que dans la vallée du Cerednié-Khangarok. Par contre, les érosions du B.-Zourga sont infiniment moins importantes que celles de la vallée principale qui sont vraiment exceptionnelles, de sorte que je n'accorde pas en définitive, à la vallée du Baïan-Zourga, au point de vue de la quantité d'or

qu'on peut en attendre, une importance de beaucoup comparable
à celle du Cerednié-Khangarok.

Résumé et conclusion.

Je résume dans un tableau général, qui permet de se rendre
compte de la marche de la Société de l'Onon depuis sa création,
les tableaux particls détaillés ci-dessus (voir page suivante).

La production totale de la Compagnie depuis sa formation
jusque et y compris la campagne de 1874-1895, a été de
847 pouds, valant **42.855.000 de francs**.

En outre, il ressort de ce tableau les conclusions suivantes :

1° *Diminution constante de la teneur moyenne.* — La teneur
moyenne des matières lavées a été constamment en diminuant.
C'est un phénomène commun à tous les placers et qui n'a rien
d'extraordinaire surtout dans des placers qui, comme ceux de la
Sibérie, ne sont exploités que dans le lit majeur de l'alluvion
aurifère.

2° *Chute de la production.* — Cè qui est moins explicable, c'est
la chute profonde qu'a subie la production totale de l'affaire
depuis 1879. En se reportant aux tableaux de détail, on voit que,
pour le placer Blagoviestchensk en particulier, la production
annuelle est tombée de 45 pouds en 1878 à moins de 1 poud en
1881, pour osciller ensuite entre 7 et 12 pouds de 1882 à 1895.

Moyens de relever la production.

Il y a deux moyens de maintenir d'une manière à peu près
régulière, la production d'une affaire de placers aurifères :

1° Traiter des cubes d'alluvions d'autant plus grands que la teneur est plus faible; 2° Avoir des placers neufs en réserve, qu'on fait entrer en exploitation au fur et à mesure que les anciens sont épuisés et dont il faut s'être assuré la propriété à l'avance.

Emploi de moyens mécaniques.

Le premier de ces moyens exige, en ce qui concerne particulièrement les placers de la Compagnie de l'Onon, l'emploi de moyens d'exploitation et de lavage plus économiques que les procédés actuels. J'exposerai dans le chapitre IV les propositions que j'ai à faire dans ce sens.

Mode de recherche des nouveaux placers.

La recherche et la mise en exploitation de placers nouveaux, nécessite soit l'organisation d'un service des recherches doté d'un budget suffisant, soit l'achat de placers découverts par des tiers, après expertise préalable. L'un et l'autre de ces systèmes ont leurs avantages et leurs inconvénients et ils peuvent être employés soit séparément, soit concurremment, selon les circonstances. Aucune règle absolue ne peut être posée, on le comprend aisément, mais encore faut-il adopter au moins l'un des deux moyens. La Compagnie de l'Onon se trouve actuellement très dépourvue de réserves, car d'une part, les placers qu'elle a demandés récemment sont pris en vue de l'exploitation des filons qui les traversent et ils ne contiennent que peu ou pas d'alluvions; et d'autre part, elle a renoncé depuis 1891 à ses placers alluvionnaires de la vallée du Khaptchéranga.

Or, il ressort clairement de ma visite sur les lieux que l'ère

ANNÉES	BLAGOVIESTCHENSK						DANIÉLOVSKY						FEDOROVSKY						VASSILIEVSKY				
	OR PRODUIT				TENEUR o/o POUDS		OR PRODUIT				TENEUR o/o POUDS		OR PRODUIT				TENEUR o/o POUDS		OR PRODUIT				TE o/o
	P.	L.	Z.	D.	Z.	D.	P.	L.	Z.	D.	Z.	D.	P.	L.	Z.	D.	Z.	D.	P.	L.	Z.	D.	Z.
1868	15	55	50	50	.	85¾	.	.	.	.	.	.	.	.	.	.	.	.	.	.	.	.	.
1869	41	21	23	.	1	17½	.	.	.	.	.	.	.	.	.	.	.	.	.	.	.	.	.
1870	51	15	24	.	1	55	.	.	.	.	.	.	.	.	.	.	.	.	.	.	.	.	.
1871	57	3	79	.	1	24½	.	.	.	.	.	.	.	.	.	.	.	.	.	.	.	.	.
1872	40	22	76	.	1	19¾	.	.	.	.	.	.	.	.	.	.	.	.	.	.	.	.	.
1873	24	15	27	.	1	58	.	.	.	.	.	.	.	.	.	.	.	.	.	.	.	.	.
1874	48	10	6	.	1	74	.	.	.	.	.	.	.	.	.	.	.	.	.	.	.	.	.
1875	45	1	72	.	1	5½	.	.	.	.	.	.	.	.	.	.	.	.	.	.	.	.	.
1876	54	6	56	.	1	11	.	.	.	.	.	.	.	.	.	.	.	.	.	.	.	.	.
1877	79	26	46	.	1	45½	.	.	.	.	.	.	.	.	.	.	.	.	.	.	.	.	.
1878	43	50	24	.	1	1	.	.	.	.	.	.	.	.	.	.	.	.	.	.	.	.	.
1879	9	3	5	.	.	59½	4	25	65	.	.	54¾	.	.	.	.	.	.	.	.	.	.	.
1880	4	8	76	.	.	40	9	27	43	.	.	80¾	.	.	.	.	.	.	.	.	.	.	.
1881	.	52	49	.	.	27½	2	38	12	.	.	49¼	2	2	54	.	.	50¾	.	.	.	.	.
1882	7	9	21	.	.	74¾	.	.	.	.	.	.	.	.	.	.	.	.	.	.	.	.	.
1883	7	20	9	.	.	65½	.	.	.	.	.	.	.	.	.	.	.	.	.	.	.	.	.
1884	7	8	28	.	.	61½	4	1	37	.	.	60¾	.	.	.	.	.	.	.	.	.	.	.
1885	9	28	91	.	.	55¾	.	.	.	.	.	.	.	.	.	.	.	.	.	.	.	.	.
1886	6	19	26	.	.	29½	.	.	.	.	.	.	.	.	.	.	.	.	.	.	.	.	.
1887	7	27	17	.	.	52¾	.	.	.	.	.	.	.	.	.	.	.	.	.	.	.	.	.
1888	7	55	26	.	.	50¾	.	.	.	.	.	.	.	.	.	.	.	.	.	.	.	.	.
1889	9	54	56	.	.	45¾	.	51	26	.	.	64⅓	.	.	.	.	.	.	.	.	.	.	.
1890	7	31	0	.	.	57¾	.	27	28	.	.	51⅓	.	.	.	.	.	.	5	2	72	.	.
1891	5	0	82	.	.	64½	.	.	.	.	.	.	.	.	.	.	.	.	2	1	74	.	.
1892	10	5	18	36	.	42¾	.	2	75	.	.	50½	.	.	.	.	.	.	.	.	.	.	.
1893	12	10	8	.	.	51¾	.	.	.	.	.	.	.	.	.	.	.	.	.	.	.	.	.
1894	8	15	48	.	.	25½	.	21	60	.	.	28	.	24	19	.	.	54⅓	.	.	.	.	.
1895 (31 août)	7	27	55	56	.	26½	.	.	.	.	.	.	.	.	.	.	.	.	.	.	.	.	.
28 années	610	26	19	26			25	15	34				2	26	55				5	4	50		

ALEXANDROVSKY				SERGIEVSKY						INNOKENTIEVSKY						MIKAILOVSKY						TOTAL GÉNÉRAL			
OR PRODUIT		TENEUR o/o pouds		OR PRODUIT				TENEUR o/o pouds		OR PRODUIT				TENEUR o/o pouds		OR PRODUIT				TENEUR o/o pouds		OR PRODUIT			
Z.	D.	Z.	D.	P.	L.	Z.	D.	Z.	D.	P.	L.	Z.	D.	Z.	D.	P.	L.	Z.	D.	Z.	D.	P.	L.	Z.	D.
.	.	.	.																			15	55	50	50
.	.	.	.																			41	21	25	.
.	.	.	.													.	1	10	48	.	17	51	16	54	48
.	.	.	.																			57	5	79	.
.	.	.	.																			40	22	76	.
87	42	.	66																			24	56	18	42
65	.	.	92																			54	11	69	.
56	.	1	11½																			54	15	12	.
69	.	1	45																			67	17	9	.
59	.	1	78¼													Supplément						98	22	85	.
85	.	1	54													à Serafimovsky.						55	56	11	.
29	.	.	50													12	6	36	.	1	66	27	15	55	.
72	.	.	76	10	23	67	.	1	4½													24	24	66	.
56	.	.	95¼	7	59	85	.	1	0¼													16	3	44	.
59	.	.	35¼	14	18	11	.	2	56	.	55	95	.	.	75							25	12	68	.
.	.	.	.	6	21	54	.	1	22	4	4	8	.	.	59							18	5	71	.
.	.	.	.	8	50	8	.	2	5¾	5	19	65	.	1	56							25	19	40	.
47	.	1	12⅓	7	24	65	.	1	55⅓	1	4	55	.	1	55⅓							20	19	66	.
10	.	.	51	2	29	18	.	1	41¾													16	17	54	.
54	.	.	46½	.	55	89	.	1	24⅓	4	56	55	.	»	79							16	27	77	.
89	.	.	67½	.	18	41	.	.	76½	5	1	28	.	1	5¾							15	7	88	.
74	.	.	50½	.	.	.	.	.	.													12	12	60	.
55	.	.	47⅓	.	21	45	.	.	74⅓	7	51	95	24	1	27½							20	30	81	24
47	.	1	.							.	51	57	.	.	22¾	4	4	5	.	.	44¼	15	4	75	.
22	84	.	88⅔							1	18	37	60	.	52¼	5	36	52	.	.	50½	17	4	11	84
73	.	.	62¾																			14	10	81	.
66	.	.	49¼													1	17	90	.	.	34¾	12	14	91	.
72	.	.	45¼																			9	19	29	36
87	50	[library stamp]		60	25	1				31	25	85	84			21	26	1	48			847	10	63	92

des placers est encore loin d'être close en Transbaïkalie, surtout celle des placers dits pauvres, tenant de 50 à 60 dolis, qui laisseront de très beaux bénéfices par leur exploitation à la drague. Le moment est encore propice pour jeter les yeux sur ces gisements et s'en assurer la propriété dans des conditions très modérées.

Organisation actuelle des travaux.

Je dois maintenant aborder la question de l'organisation des travaux sur les mines de la Compagnie, telle qu'elle existe en ce moment. Je ne puis mieux faire, pour appuyer les observations que j'ai à formuler à ce sujet, que de présenter un tableau résumant la Campagne 1895, dont j'ai emprunté les chiffres aux livres de comptabilité, et qui présentent par conséquent toutes les garanties d'exactitude désirables. (Voir ce tableau à la page 58.)

Exploitation par entrepreneurs.

On voit tout d'abord que l'exploitation au moyen des entrepreneurs, a produit la majeure partie de l'or livré au Comptoir de la Compagnie. Ensuite, si l'on examine le rendement des divers chantiers, on constate que ce sont *les plus riches, ceux qui présentent les meilleures teneurs, qui sont entre les mains des entrepreneurs.* Les travaux de la Compagnie sont *confinés sur les chantiers les plus pauvres,* allant jusqu'à 15 dolis, alors que les entreprises Piatrowsky et Fielatoff, donnent des rendements nets de 70 et 45 dolis. On s'explique, dès lors, que sur une production totale de près de 10 pouds, la Compagnie n'ait produit, sur ses chantiers en régie, que 2 pouds 55 livres.

Tableau résumant la campagne de 1895 aux placers de la Compagnie de l'Onon.

SITUATION ET NOM DES CHANTIERS	PRODUCTION D'OR SUR CHAQUE CHANTIER				PRODUCTION TOTALE				NOMBRE DE POUDS DE SABLES AURIFÈRES LAVÉS	TENEUR AUX 100 POUDS		NOMBRE DES OUVRIERS EMPLOYÉS	NOMBRE DES CHEVAUX EMPLOYÉS
	P.	L.	Z.	D.	P.	L.	Z.	D.		Z.	D.		
Exploités directement par la Cie de l'Onon. { Lavoir mécanique	2	9	81	50	2	55	48	54	4.048.200	.	25½	77(1)	51(1)
— à bras (Boutari)	.	25	65	24					1.584.400	.	15½	31	17
Entreprise Piatrovsk	2	55	48	54	7	.	69	.	1.290.600	.	70¾	56	42
— Barvinsk	.	28	86	72					1.492.400	.	17¾	50	25
— Bakcheff		58	54	84					1.575.900	.	22½	40	20
Exploités par des entrepreneurs. — Auorsk (arrêtée le 8 juillet)	.	8	26	50					281.800	.	26½	.	.
— Drakine	.	19	76	60					687.900	.	27	21	9
— Fiélatoff (Baïan-Zourga)	1	51	65	84					1.437.700	.	45½	50	44
	9	54	21	54	9	54	21	54	12.216.900			505	206

(1) Il faut ajouter à ces colonnes 25 hommes et 50 chevaux employés à l'Administration Centrale, ce qui porte le nombre total des ouvriers et chevaux employés par la Compagnie de l'Onon le 5 septembre 1895 à 550 hommes et 256 chevaux. (Voir aux Annexes le prix de revient de la journée d'homme et de la journée de cheval sur les p'acers de la Compagnie.)

C'est là une situation des plus fâcheuses, à laquelle il importe
de remédier au plus tôt.

L'exploitation par l'intermédiaire des entrepreneurs, paraît
commode et simple au premier abord. Elle décharge la direction
locale de tout souci et réduit son rôle à une surveillance générale
et à l'encaissement journalier de l'or apporté par les entrepreneurs de la Compagnie, ce qui permet de confier cette direction
à des agents de valeur secondaire et peu rétribués. Enfin elle
paraît, au simple examen superficiel des livres de la comptabilité,
laisser un bénéfice net, égal et parfois même supérieur à celui
donné par l'exploitation directe, en régie, par la Société elle-même.

En fait, ces divers avantages sont tout à fait illusoires quand on
examine les choses de près et je dois dire que l'exemple de la Compagnie de l'Onon, donnant à des entrepreneurs des chantiers dans
le lit aurifère vierge, ayant des teneurs moyennes effectives, en
or livré au Comptoir, de 70 dolis aux 100 pouds — ce qui suppose
une teneur réelle effective d'environ 1 zolotnik, n'est à conseiller
dans aucune affaire soucieuse d'assurer l'avenir de ses exploitations.

On réserve, en général, ces travaux à l'entreprise ou par
« staratiéli », au relavage des anciens déblais, ou à l'exploitation
de lambeaux aurifères précédemment délaissés et ayant trop peu
d'importance pour mériter les frais d'une installation fixe et
durable. Encore dans ces limites, ces travaux demandent-ils à
n'être accordés qu'avec discernement, car il ne faut pas perdre
de vue que tout atelier de « staratiéli » est un appât et une inci-
tation au vol des pépites sur les autres chantiers exploités en
régie. L'or dérobé sur ces derniers, par les ouvriers pendant le
travail, passe entre les mains des « staratiéli » qui viennent le
livrer au bureau, où on le leur paie comme provenant du lavage
des terrains ou déblais affermés. Le tour est joué et la Compagnie
a payé deux fois cet or.

Du vol de l'or sur les placers.

Cette question du vol de l'or, est en effet beaucoup plus grave qu'on ne se l'imagine au premier abord et toutes les exploitations sibériennes, sans exception, ont, à des degrés divers, à souffrir de cette plaie. Il ne faut pas se faire l'illusion qu'on pourra arriver à la guérir d'une manière complète, mais on peut y apporter un remède efficace et limiter cet élément de déchet. L'emploi d'appareils mécaniques pour l'abatage et le lavage des matières aurifères aura à ce point de vue des avantages inappréciables, en diminuant dans une large proportion les occasions où l'ouvrier se trouve être appelé à manier directement des matières enrichies, comme c'est le cas avec le lavoir sibérien, qui comporte neuf hommes pour son service courant et dans lequel on procède deux fois par jour à la récolte, à la main, des sables enrichis.

À l'Onon, la proximité de la frontière Chinoise, qui permet à l'or volé de se soustraire rapidement à la surveillance de l'Administration et de la Police, l'existence dans le village de Kyra d'une véritable bande organisée de négociants recéleurs, enfin la location aux entrepreneurs — qui pratiquent tous le vol des pépites — des alluvions les plus riches, sont autant de raisons pour que le vol atteigne des proportions graves.

Quantité d'or volée sur les placers. — On ne peut, en pareille matière, donner des chiffres exacts. Néanmoins je considère comme se rapprochant beaucoup de la vérité, les expériences auxquelles M. Th. Sabachnikoff et moi nous sommes livrés à plusieurs reprises, sur les chantiers du deuxième niveau. Lorsque nous assistions personnellement, l'un ou l'autre, à l'opération

du lavage final des sables retirés du lavoir, au moment du nettoyage journalier, on trouvait toujours quelques pépites dépassant
la grosseur d'une amande. Elles faisaient défaut les autres jours.
La teneur moyenne des alluvions en place, dans ces chantiers,
est de 1 zolotnik environ. Le rendement obtenu, d'après les
quantités livrées au Comptoir, n'atteint que 70 dolis. La différence, soit 26 dolis, constitue la part du déchet causé par le
lavage et par le vol. Ce dernier élément représenterait donc à
lui seul, en admettant 10 dolis pour la teneur des tailings,
16 dolis par 100 pouds, soit plus de 20 pour 100 ou plus du
cinquième de l'or livré à la Compagnie. Ce chiffre ne me paraît
pas être supérieur à la réalité.

L'habitude du vol est tellement invétérée chez le mineur sibérien employé sur les placers que les règlements les plus sévères
ne produisent aucun effet; mais il y a plus : les ouvriers cherchent de préférence à se faire embaucher sur les placers où l'on
ferme les yeux sur le vol, mais où l'on rançonne les hommes soit
par les ventes de la cantine, soit par une ration insuffisante ou
avariée. Ils redoutent les affaires organisées sérieusement, où ces
procédés indignes sont inconnus, mais où l'on exerce une surveillance sévère sur le vol. De l'aveu même des Ingénieurs des
Mines chargés du Contrôle des travaux sur les placers, la majeure
partie des réclamations des ouvriers n'a pas d'autre cause que
le dépit d'être gênés par une surveillance active.

Je dois dire à ce propos qu'il n'y a que des éloges à décerner
à la Compagnie de l'Onon sur la manière dont elle exécute ses
engagements vis-à-vis de ses ouvriers. Elle a conservé, depuis
ses brillants débuts, le souci du bien-être de ses travailleurs et
on ne peut que la louer d'avoir perpétué ainsi les traditions de
bienveillance et d'humanité implantées dans ce pays par feu
M. Vassili Nikitich Sabachnikoff, dont la mémoire est restée

entourée du respect unanime des populations. Il me paraît
nécessaire, à propos de la question des salaires, d'entrer dans
quelques détails et de donner un aperçu du prix de la main-
d'œuvre et du prix de la journée de cheval sur les mines de
l'Onon ; mais afin de ne pas allonger inutilement l'exposé du
Rapport, je renvoie aux Annexes A et B pour les détails relatifs
à ces prix. On verra que grâce au bon marché des vivres et des
fourrages dans la Transbaïkalie, les prix de revient sont infiniment moindres que dans les autres districts miniers de la Sibérie
Orientale. Cet avantage se traduit par un abaissement de la limite
d'exploitabilité des alluvions aurifères de cette région.

Autres inconvénients des exploitations par entrepreneurs. —
Indépendamment de cette question du vol, le travail par entrepreneurs a un autre inconvénient, capital à mes yeux, et dont
les conséquences se font cruellement sentir en ce moment. Bien
que les contrats d'entreprise stipulent uniformément pour les
preneurs, que les stériles seront déposés à part des résidus
lavés et que les uns et les autres seront déposés hors du lit aurifère — mesures fort sages, destinées à ménager l'avenir et qui
sont prescrites d'une manière formelle par la loi minière (Article 515) — il est très difficile en pratique, d'obtenir que les
entrepreneurs l'observent efficacement. Ils n'ont et ne peuvent
avoir comme objet, que de réaliser le plus grand bénéfice possible
pendant la durée de la campagne, les contrats étant faits pour
une opération seulement; de sorte que peu leur importe de sac-
cager les dépôts aurifères en exploitant sans aucune méthode,
sans aucun souci de l'avenir, écrémant les parties les plus riches
de l'emplacement qui leur a été désigné et laissant, à la fin de la
campagne, les chantiers dans un état qui en rend la reprise très
difficile, sinon impossible, en tous cas très onéreuse. Il suffit par

exemple que les talus ne soient pas exécutés, en fin de campagne, avec une pente suffisamment adoucie, pour que des éboulements considérables se produisent pendant la saison d'hiver. Les canaux d'asséchement, non entretenus, s'éboulent et s'obstruent aussi, de sorte qu'au printemps tous ces travaux sont à refaire avant de pouvoir ouvrir de nouveau le chantier. Nombreux sont aussi les cas, surtout dans la partie inférieure du placer Blagoviestchensk et dans les placers. Innokentiévsky et Sergievsky, où l'on a accumulé des quantités de déblais stériles sur des parties vierges, qui sont ainsi rendues inexploitables.

Tous ces éléments doivent entrer en ligne de compte quand on veut faire une comparaison raisonnée de l'exploitation directe par la Compagnie et du travail par l'intermédiaire des entrepreneurs. C'est d'ailleurs une question jugée sur toutes les mines où l'on a souci de l'avenir de l'exploitation. Les entrepreneurs et les « Staratiéli » sont confinés sur le relavage des anciens déblais dans des endroits écartés du centre principal de l'exploitation et ils ne sont, en aucun cas, admis à l'abatage du lit aurifère proprement dit. Les exploitations par entrepreneurs ne s'appliquent que sur les placers exploités par le Cabinet de S. M., ce qui permet de réduire au minimum la surveillance et la participation active de la Direction.

Conclusions.

Cet état de choses a pu s'établir à la Compagnie de l'Onon, à la suite de l'abandon de plus en plus prononcé de l'affaire depuis l'échec de la tentative d'exploitation des filons du Baïan-Zourga et du peu de confiance qu'on avait dans son avenir.

Il faut, pour bien se rendre compte de cet état de choses, avoir présentes à l'esprit les circonstances dans lesquelles les

propriétaires de l'affaire de l'Onon se sont trouvés en 1879 après
le décès de M. V. N. Sabachnikoff. Une diminution considérable
dans les rendements de l'Onon succédait à la brillante phase
qui avait marqué la période antérieure; on pensait que les principaux placers de ce groupe, après avoir donné d'aussi grandes
quantités d'or, étaient irrémédiablement épuisés et qu'il ne restait plus qu'à glaner, avec le moins de frais possible, sur ce
champ naguère si fertile.

D'autre part, M. Vassili Nikitich Sabachnikoff avait créé, dans
les dernières années de sa vie, les affaires de la Zéya qui, dès leur
début, prouvèrent, par une prospérité éclatante, la valeur des
placers qui les composaient. Les mêmes intéressés se trouvaient
donc avoir d'un côté une affaire en voie de décroissance, dans
l'avenir de laquelle on ne croyait pas, et d'autre part des résultats magnifiques donnés par l'autre groupe. Il était naturel de
reporter sur ce dernier, toutes les forces, tous les capitaux dis-
ponibles, donnant une rémunération sûre et élevée, au lieu de
les risquer sur des placers considérés comme épuisés.

On tentait cependant, en 1885-1887, un nouvel effort pour
chercher dans les filons, un moyen de relever la production.
Le résultat que j'ai fait connaître plus haut, contribua, d'une
façon définitive cette fois, à éloigner les intéressés de l'affaire.
On alla même jusqu'à penser à son aliénation.

Comme l'étude à laquelle je me suis livré, avec M. Théodore
Sabachnikoff, pendant notre séjour prolongé sur les lieux, dans
le courant de l'été de 1895, nous a conduits à des conclusions
tout à fait opposées, il n'y a aucune raison de continuer des errements qui sont onéreux pour la Compagnie et qui seraient en
outre de nature, si on continuait à les appliquer, à compromettre
l'avenir de l'exploitation.

CHAPITRE III

EXPLOITATION DES FILONS DE LA COMPAGNIE DE L'ONON

J'ai exposé plus loin (voir à l'Annexe C, page 168) le mode
général de formation des filons aurifères dans la Sibérie Orientale. Je vais étudier de plus près ceux qui se trouvent compris
dans les concessions de la Compagnie de l'Onon.

Description de la formation aurifère de l'Onon.

Je rappelle tout d'abord que ces gîtes aurifères dépendent
d'une puissante venue granitique qui a traversé et soulevé les
schistes azoïques, probablement siluriens, qui constituent la
crête séparant la vallée de la Byrtza de celle de l'Onon. Ils se
groupent de préférence sur les points où ces granits, perdant un
de leurs éléments constitutifs, prennent la texture et la forme
d'*aplite* (granit sans mica). Cette modification s'annonce par des
roches éruptives de passage : pegmatites, kersantons et minettes.
Enfin les placers du Moyen Khangarok coupent à angle droit le
grand alignement d'aplite dirigé approximativement Est-Ouest
dont j'ai déjà parlé et que j'ai étudié sur toute sa longueur,
depuis les travaux qui y ont été exécutés par la Compagnie Belo-

golowy, jusqu'à sa sortie des concessions de la Compagnie de l'Onon.

ÉTUDE DU GRAND FILON D'APLITE

Filons de retrait.

Ce filon dont la direction générale varie de Nord 105° à Nord 110° Ouest, n'a pas sur tout son parcours une puissance et une composition constantes. Dans la concession Iévgrafsky (mine Belogolowy), il ne forme qu'une branche secondaire de la formation granitique qui affleure, à cet endroit, sur une assez grande surface; mais sur tout son parcours, il présente cette particularité constante, de contenir un vaste réseau de filets et de filons de quartz, s'entre-croisant dans tous les sens et formant un véritable « stockwerk ». Comme conséquence bien connue de ce mode de gisement, il y a en général augmentation de *puissance* et de *teneur* aux *points de croisement* des mailles de ce réseau. Il faut donc s'attendre à des variations fréquentes de puissance et de richesse des veines aurifères. Ces filons sont dus au *retrait* de la masse ignée, par refroidissement. D'où le nom de *filons de retrait* que j'emploierai pour les désigner.

Relation entre l'aplite et les filons aurifères.

Il est important de noter qu'il y a une relation étroite entre la présence de l'aplite bien caractérisée et la richesse de ces veines. Ainsi à l'exploitation de Iévgrafsky, où l'aplite n'a pas un

grand développement, les filons de quartz, fort nombreux
d'ailleurs, qu'on rencontre non seulement dans cette roche,
mais aussi dans la masse même du granit, ne sont pas aurifères,
industriellement parlant, car leur teneur ne dépasse pas 2 zolotniks aux 100 pouds.

Il en est de même pour les filons contenus dans le granit des
importants placers de la haute vallée de l'Ill, situés au Nord-Est,
et à 100 verstes environ de ceux du Khangarok.

Au contraire au fur et à mesure que l'on s'éloigne vers l'Ouest,
la teneur en or du quartz dans l'aplite s'élève, en même temps
que cette roche se charge de pyrite de fer finement disséminée
dans toute sa masse, et ce à un tel point qu'à la galerie supérieure des travaux de Baïan-Zourga l'aplite contient, d'après
une prise d'essai moyenne que j'ai prélevée sur les déblais stériles de la galerie, 0.50 pour 100 de pyrite de fer, soit 5 kilogrammes par tonne.

C'est en ce point, c'est-à-dire entre la vallée du Moyen Khangarok et celle de Baïan-Zourga, que la venue aurifère paraît
avoir eu son maximum d'intensité. C'est aussi la région où le
filon d'aplite est le plus net et le plus caractéristique.

Le plan et les coupes que je donne à la page suivante,
représentant la composition du grand filon sur tout son parcours, confirment l'ensemble de faits que je viens de signaler.

Filons adventifs.

Ces coupes indiquent aussi que, indépendamment des filons de
quartz aurifère formant stockwerk dans l'aplite, il existe d'autres
filons, que je nomme *filons adventifs*, qui offrent cette particularité remarquable de se trouver au *sein des schistes encaissants*,

généralement métamorphisés et très redressés, qui bordent le filon d'aplite. Ces filons adventifs suivent la direction de la stratification ou des clivages des schistes; ce sont évidemment des fissures produites par la venue de l'aplite qui ont donné naissance, lors de leur minéralisation ultérieure, à ces filons dans les épontes. Il suit de là qu'ils ne sont pas la continuation obligatoire des filons contenus dans l'aplite qui sont, eux, des *filons de retrait*.

Les filons adventifs sont extrêmement nombreux, surtout dans les régions où les schistes ont été soumis à des plissements importants. On en a reconnu un grand nombre, tant au toit qu'au mur de l'aplite. C'est sur un filon de cette espèce que sont concentrés les travaux de la Compagnie Belogolowy. Ils se révèlent à la surface par des morceaux plus ou moins volumineux de quartz blanc ou rougeâtre, qui servent d'indices aux chercheurs pour pratiquer des tranchées et des puits de reconnaissance.

Nature et aspect du quartz aurifère.

Le quartz aurifère qui constitue ces deux genres distincts de gisement, présente le même aspect et la même texture. Il est en général faiblement translucide et criblé de petites géodes remplies d'oxyde de fer. Il ne forme pas de bancs épais continus, car il est recoupé fréquemment par des salbandes schisteuses ou feldspathiques, contenant elles-mêmes des filets minces de ce même quartz. Je n'ai pas observé de règle nette au point de vue de l'enrichissement de ces salbandes. Il est vrai, comme je l'expliquerai plus loin, que les procédés locaux d'analyse sont tout à fait grossiers et insuffisants. Je n'ai donc pas le moyen de me prononcer, en ce moment, sur la localisation de la venue aurifère.

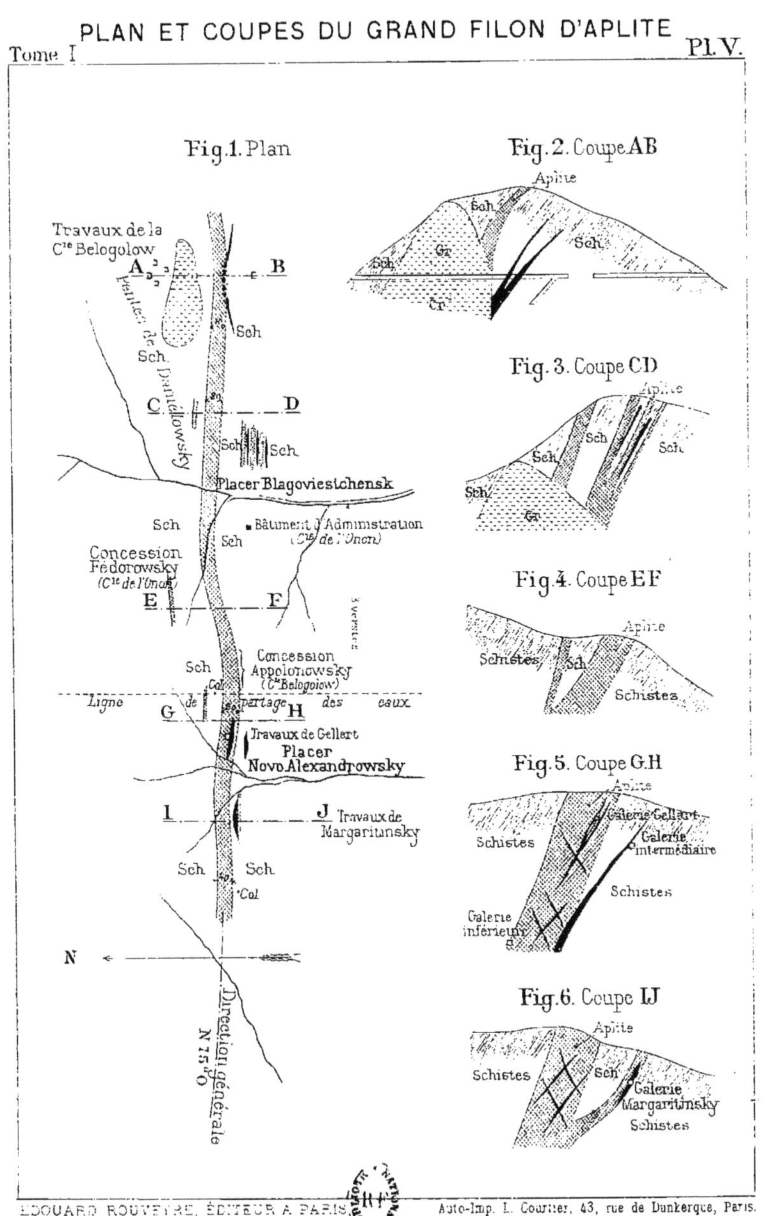
Fig. 1. Plan
Travaux de la C.ie Belogolow
A   B
Failles de Sch. Danielowsky
Sch
C   D
Sch   Sch
Placer Blagoviestchensk
Sch
Bâtiment d'Administration (C.ie de l'Onon)
Sch
Concession Fédorowsky (C.ie de l'Onon)
E   F
3 verstes
Concession Appolonowsky (C.ie Belogolow)
Sch
Col
Ligne   de   partage   des   eaux
G   H
Travaux de Gellert
Placer Novo-Alexandrowsky
I   J Travaux de Margaritunsky
Sch   Sch
Col
N
Direction générale N 15° O

Fig. 2. Coupe AB
Aplite
Sch
Sch
Gr
Sch
Gr

Fig. 3. Coupe CD
Aplite
Sch
Sch
Sch
Sch
Gr

Fig. 4. Coupe EF
Aplite
Schistes
Sch
Schistes

Fig. 5. Coupe G.H
Aplite
Galerie Gellert
Galerie intermédiaire
Schistes
Schistes
Galerie inférieure

Fig. 6. Coupe IJ
Aplite
Schistes
Sch
Galerie Margaritunsky
Schistes

Mode d'échantillonnage employé à la mine. — En général les prises d'essai et les analyses de quartz aurifère provenant des recherches, se font à l'Onon en éliminant tout ce qui n'est pas quartz pur proprement dit. On trouve fréquemment dans le quartz provenant des recherches superficielles, de l'or libre et visible, en pépites plus ou moins volumineuses. Le quartz provenant des filons adventifs est en général plus rouge, plus coloré par de l'oxyde de fer que celui de l'aplite. La raison de cette différence tient à ce que l'action des agents atmosphériques a été beaucoup plus intense dans les schistes fendillés que dans l'aplite compacte, qui est étanche pour les eaux superficielles.

Filons parallèles.

En outre de cette formation, dépendant étroitement du contact entre l'aplite et les schistes, on trouve toute une série de filons plus éloignés de l'aplite, au sein même des schistes et *interstratifiés* dans ces derniers. Je les désigne sous le nom de *filons parallèles*. Ils peuvent n'être que des adventifs profonds, comme dans le cas de la figure 3, ou dépendre d'autres filons d'aplite encore inconnus, ou mal étudiés jusqu'à présent.

Filon de Supplément à Sérafimovsky. — J'en ai reconnu notamment un, fort important, dans la concession « Supplément à Sérafimovsky ». C'est sur un filon de cette catégorie que j'ai conseillé des travaux de recherches dans la concession susnommée. Celui de la concession Kvartzevy est aussi un filon parallèle. Ces gisements sont très réguliers comme allure et paraissent plus puissants que les filons adventifs. Celui sur lequel nous avons décidé une recherche dans le « Supplément à Sérafimovsky » a une puissance de plus de deux archines. Les teneurs trouvées à la mine lui attribuent une richesse de 10 zolotniks aux 100 pouds.

Une prise d'essai prise par moi-même au front de taille, sans distinction entre le quartz et les salbandes interposées entre les filets de quartz, a donné à l'analyse seulement 5 grammes 1/2 à la tonne, soit environ 5 gr. 60 aux 100 pouds. La richesse en or paraît donc uniquement concentrée dans le quartz.

Filons du deuxième groupe du système du Moyen Khangarok.

Du système de ces filons parallèles, dépendent des filons de quartz très nombreux et très puissants qui traversent la vallée du Moyen Khangarok à 5 verstes environ au Sud du filon d'aplite. Ils forment un groupe à part compris entre l'extrémité Sud du placer Blagoviestschensk et la rivière Kyra. Le quartz de ces filons est notablement différent de celui que j'ai décrit plus haut. Il est d'un blanc laiteux, assez compact, et les géodes remplies d'ocre y sont moins fréquentes.

Ces filons n'ont été l'objet d'aucun travail de recherches [1]. J'ai relevé la position de quinze d'entre eux, parmi lesquels six ont une épaisseur supérieure à une archine. Le trait caractéristique de ces filons est d'être nettement interstratifiés dans les schistes et de suivre leurs variations de direction et de pendage. Voici les résultats des analyses faites à Paris sur les échantillons de quartz provenant des 7 principaux affleurements.

[1] Je dois dire cependant que leur existence avait déjà été signalée par M. Gellert. Il s'en était même préoccupé à un point tel que j'ai trouvé des cartes indiquant, tracées par sa main, les directions et les pendages des principaux filons, directions dont j'ai moi-même constaté l'exactitude sur le terrain.

Nᵒˢ DES FILONS	TENEUR EN GRAMMES A LA TONNE	TENEUR EN ZOLOTNIKS AUX 100 POUDS
	Gr.	Zol. Dol.
2	2.50	0 . 93
4	0.50	0 . 19
6	0.50	0 . 19
8	0.50	0 . 19
10	0.25	0 . 9
11	0.25	0 . 9
15	0.25	0 . 9

Pour résumer les considérations qui précèdent et les condenser sous une forme qui parle aux yeux, j'ai donné, Pl. IV, page 48, une coupe d'ensemble de la formation aurifère de l'Onon.

Cette coupe rend compte :

1° Des filons de retrait a, a, formant « stockwerk » dans le sein de l'aplite elle-même.

2° Des filons adventifs b, b, contenus dans les schistes, mais ne s'écartant pas beaucoup du contact avec l'aplite. Ils ne sont pas interstratifiés.

3° Des filons parallèles c, c, qui peuvent être des adventifs profonds, ou dépendre de filons d'aplite non connus. Ces filons peuvent se présenter à des distances relativement considérables de l'aplite. Ils sont en général interstratifiés.

Travaux exécutés sur les filons.

Les gîtes aurifères du Khangarok ont été attaqués sur deux points différents et assez éloignés l'un de l'autre, à savoir : par la compagnie Belogolowy, dans la concession Iévgrafsky à l'Est, et par la Compagnie de l'Onon, dans la vallée du Baïan-Zourga, à l'Ouest (concession Iévdakievsky). La distance, à vol d'oiseau, entre ces deux points, est d'environ 4 verstes 1/2.

Bien que les exploitations de la Compagnie Belogolowy ne fassent pas directement partie de l'objet de ce Rapport, j'ai cru devoir les visiter. Il me paraît utile, ne fût-ce que comme terme de comparaison, de dire rapidement en quoi elles consistent, mais pour ne pas allonger outre mesure ce Chapitre, j'en ai fait l'objet d'une note spéciale qu'on trouvera aux Annexes, (Annexe D, page 174.)

Travaux dans la vallée du Baïan-Zourga.

Ces travaux ont été exécutés sous la direction de M. Gellert, de 1885 à 1887. J'ai figuré sur le plan de la page qui se trouve en face de ce texte (Pl. VI), la disposition qu'ils affectent. Ils consistent en 5 galeries situées sur le flanc gauche de la vallée, dans le périmètre de la concession Iévdakievsky.

Galerie inférieure. — La galerie inférieure, établie au niveau du ruisseau qui suit le fond de la vallée, a été ouverte au toit du filon d'aplite, lequel a, à cet endroit, environ 40 mètres de puissance. L'entrée de cette galerie est complètement éboulée, et je n'ai pu pénétrer que dans des abatages, communiquant avec la surface par une cheminée tortueuse et basse. Ils ont été pratiqués dans une partie où le filon de retrait, que la galerie avait suivi depuis le jour, présentait un renflement d'une certaine importance. Les minerais extraits de ces abatages ont été traités dans le moulin dont il sera parlé plus loin.

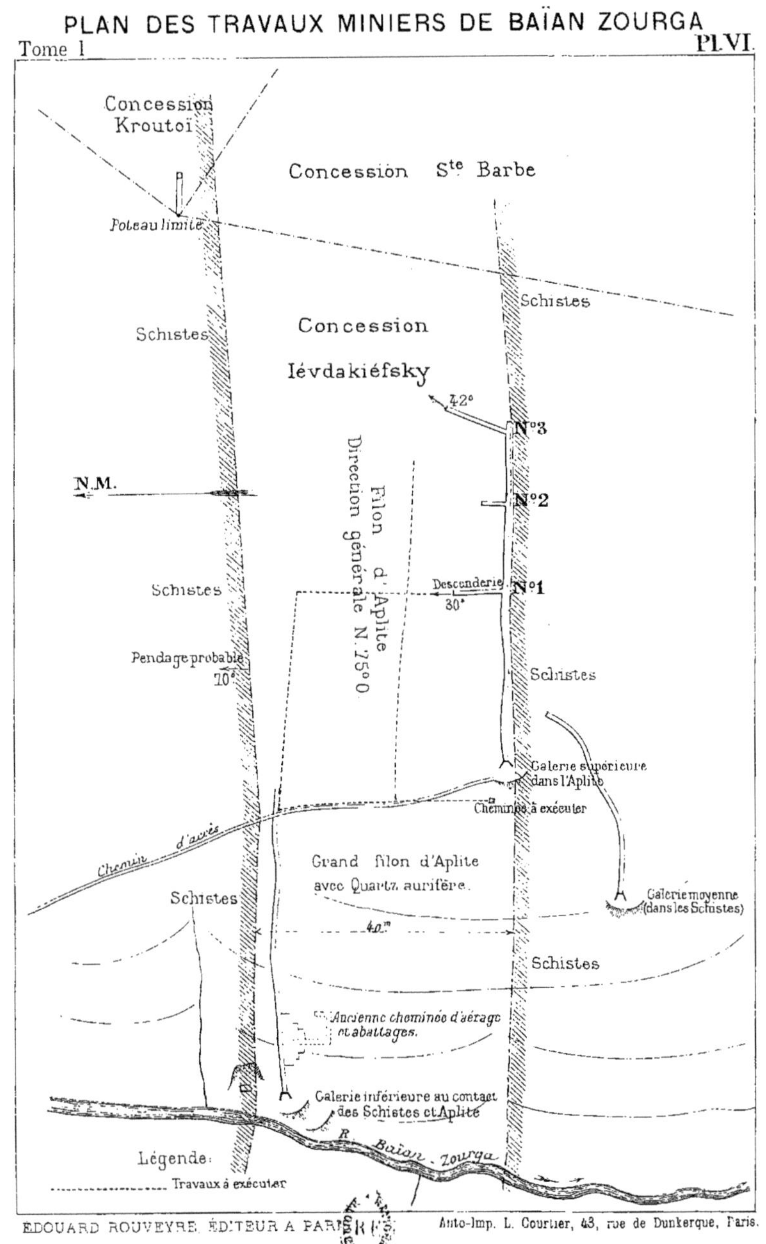
Concession Kroutoï
Concession Ste Barbe
Poteau limite
Schistes
Concession
Iévdakiéfsky
Schistes
42°
N°3
N.M.
N°2
Filon d'Aplite
Direction générale N.75°O
Descenderie N°1
30°
Schistes
Schistes
Pendage probable
10°
Galerie supérieure
dans l'Aplite
Cheminée à exécuter
Chemin d'accès
Grand filon d'Aplite
avec Quartz aurifère.
Galerie moyenne
(dans les Schistes)
Schistes
40.m
Schistes
Ancienne cheminée d'aérage
et abattages.
Galerie inférieure au contact
des Schistes et Aplite
Légende:
R. Baïan - Zourga
Travaux à exécuter

Galerie moyenne. — La galerie intermédiaire a 50 sagènes de longueur. Elle est entièrement dans les schistes du mur de l'aplite, où elle a suivi un filon adventif bien caractérisé, recoupant nettement la stratification des schistes. Ces derniers sont redressés verticalement et parallèles au filon d'aplite, c'est-à-dire dirigés Est-Ouest.

La teneur du quartz de ce filon est, d'après les analyses locales, de 6 zolotniks aux 100 pouds. Sa puissance a été assez variable sur tout le parcours de la galerie, mais n'a pas dépassé une archine dans les renflements. Elle est réduite à 10 centimètres au front de taille.

Il n'y aurait à faire que peu de mètres pour atteindre le contact entre les schistes et le granit où on peut espérer rencontrer une zone riche sur ce contact. Néanmoins je considère qu'il n'y a pas lieu pour le moment de reprendre les travaux dans ce filon adventif. Il y a d'autres travaux plus urgents et plus importants à exécuter auparavant.

Galerie supérieure. — La galerie supérieure est ouverte à 40 mètres environ au-dessus du fond de la vallée. A l'inverse de la galerie inférieure, elle suit le mur du filon d'aplite; sa longueur totale est de 62 sagènes et sa direction moyenne Nord-95°-Ouest. Elle suit un filon de retrait dans l'aplite, on y a même fait quelques abatages.

On a pratiqué récemment dans cette galerie, trois descenderies suivant la pente du filon. Ces travaux ont été exécutés pendant l'hiver 1894-1895 et ont donné des résultats fort intéressants, que je vais résumer.

Descenderie N° 1. — La descenderie N° 1 a été percée à 20 sagènes de l'entrée de la galerie. Elle a une section de 1 sagène × 1 sagène et elle est entièrement boisée à cadres jointifs, ainsi d'ailleurs que la galerie principale, bien que l'une et l'autre soient percées dans un terrain extrêmement solide. Ce luxe de précautions est, paraît-il, exigé par le Service des Mines dans tous les travaux miniers en cul-de-sac.

Sa direction est de 7 degrés Est, et son inclinaison de 30 degrés sur l'horizontale.

Voici les teneurs trouvées, telles que je les ai relevées sur le registre d'avancement des travaux :

N° D'ORDRE	POINT OU L'ÉCHANTILLON A ÉTÉ PRÉLEVÉ	PUISSANCE DU FILON EN VERCHOKS	TENEUR 0/0 POIDS		OBSERVATIONS
			Zol.	Dol.	
1	Entrée de la descenderie N° 1	16	9	77	
2	à 14 tchetverts de l'entrée.	16	8	52	
3	» 22 »	16	13	52	
4	» 32 »	19	69	52	Teneur exceptionnelle.
5	» 36 »	19	16	64	
6	» 37 »	17	13	52	
7	» 41 »	12	18	72	
8	» 45 »	7	13	52	
9	» 51 »	8	12	48	
10	» 53 »	9	13	52	
11	» 56 »	9	10	40	
12	» 61 »	11	traces		
13	» 65 »	11	6	24	
14	» 67 »	11	7	28	
15	» 75 »	12	6	24	
16	» 80 »	14	52	18	Teneur exceptionnelle.
17	» 82 »	16	14	56	
18	» 89 »	16	9	86	
19	» 94 »	16	27	80	
	Moyennes.	$13\frac{1}{2}$	11	$77\frac{2}{5}$	

J'ai écarté pour établir la moyenne les deux teneurs exceptionnellement élevées des N°s 4 et 16, mon expérience m'ayant prouvé qu'il fallait n'admettre des chiffres de ce genre qu'après des essais répétés prouvant qu'on n'est pas accidentellement tombé sur un nid aurifère riche, mais de dimensions limitées.

Le chiffre de 11 zolotniks 77 dolis aux 100 pouds auquel j'arrive de cette manière, représente d'une manière plus exacte, à mon avis, la teneur du quartz aurifère, que celui de 16 zolotniks 92 auquel je serais conduit en ne supprimant pas du calcul de la moyenne les teneurs élevées, N°s 4 et 16. Je ne serais pas disposé à garantir ce dernier chiffre, avec la même sécurité que celui de 11 zolotniks 77.

J'ai fait prélever au fond de la descenderie une prise d'essai moyenne du quartz de la descenderie N° 1. Voici le résultat de l'analyse faite à Paris sur ces matières :

Or aux 100 pouds : 3 zol. 37 dol.

Cette analyse a été exécutée en double pour écarter toute cause d'erreur du fait du laboratoire. Elle démontre, comme je l'avais prévu, que la teneur du filon n'est pas régulière et qu'il faut éviter de tenir compte des teneurs exceptionnelles tant au-dessus qu'au-dessous de la moyenne pour apprécier avec justesse la teneur réelle du gisement.

L'analyse a démontré en outre qu'il existe une assez forte proportion d'or combiné, non amalgamable, dans l'échantillon soumis à l'essai.

Cheminée II. — La descenderie ou cheminée N° 2 n'a été foncée que sur une longueur de 30 tchetverts. Elle se trouve entièrement dans de l'aplite, sans quartz, le filon ayant été laissé au mur. Cette aplite a donné aux essais de lavage, tels qu'on les fait à la mine, des teneurs variant de « traces » à 5 zolotniks 12, aux 100 pouds. La descenderie était attaquée à 55 sagènes de l'entrée, soit à 15 sagènes du N° 1. Les travaux ont duré du 20 décembre 1894 au 8 mars 1895, date à laquelle on s'est définitivement rendu compte qu'on avait perdu le filon.

Cheminée III. — La cheminée (ou descenderie) N° 5 a été prise à 44 sagènes du jour. Les travaux ont commencé le 19 novembre 1894. Voici le résumé des teneurs trouvées dans le filon que ce travail a suivi :

N° D'ORDRE	POINT OU L'ÉCHANTILLON A ÉTÉ PRÉLEVÉ	PUISSANCE DU FILON EN VERCHOKS	TENEUR 0/0 POUDS		OBSERVATIONS
			Zol.	Dol.	
1	A 2 tchetv. de l'entrée de la cheminée.	10	14	56	
2	20 »	6	13	52	
5	24 »	6	17	01	
4	58 »	14	10	40	
5	42 »	14	16	64	Quartz mélangé de salbande.
6	46 »	12	15	60	
7	58 »	12	11	44	
8	61 »	12	8	52	
9	68 »	12	traces		
10	85 »	15	traces		
11	95 »	.	4	16	Mélange de quartz et d'aplite.
12	107 »	12	55	40	Teneur exceptionnelle.
	Moyennes.	$11\frac{1}{6}$	10	75	

J'élimine du calcul de la moyenne les analyses N°s 11 et 12. Le numéro 11 est un essai fait sur un mélange d'aplite et de quartz, sorte de brouillage assez fréquent dans la mine. Le numéro 12 est une teneur exceptionnellement haute que j'écarte par prudence. Si au contraire elle était admise, la teneur moyenne du filon dans la galerie numéro 3, serait de 12 zolotniks 24 dolis.

Teneur moyenne du filon.

Il résulte de ces renseignements que le filon suivi par la galerie supérieure, offre une série de renflements et d'amincissements, que le mode même de formation que j'ai décrit rendait facile à prévoir. En résumé, dans le filon reconnu par ces travaux, *on peut compter*, dans la région reconnue jusqu'à ce jour, *sur une teneur moyenne de 10 à 11 zolotniks aux 100 pouds et sur une puissance de 12 vertchoks en moyenne.*

C'est là une très bonne teneur, parfaitement exploitable avec bénéfice, dans les conditions de main-d'œuvre et d'approvisionnements où se trouve le district de l'Onon. Je rappelle qu'on traite avec bénéfice des quartz à 7 zolotniks aux mines voisines de la Compagnie Belogolowy.

J'exposerai dans le Chapitre IV, le programme des travaux nécessaires pour reconnaître si ces teneurs avantageuses se continuent en direction et en profondeur et, dans le cas de l'affirmative, arriver à l'exploitation de ces richesses minérales.

Méthode d'analyse des quartz aurifères employés à la mine. — Je ferai seulement remarquer en ce moment que les analyses sur lesquelles je me suis basé ont été faites par les moyens ordinaires de la mine, c'est-à-dire en traitant le minerai préalablement broyé, par lavage à la batée, ce qui ne donne que l'or libre et même une partie seulement de l'or libre. L'or fin et la totalité de l'or combiné échappent à l'essai. C'est ce qui explique les différences colossales trouvées entre les analyses faites au laboratoire d'Irkoutsk et celles faites à la mine. On a trouvé par exemple sur le même échantillon analysé aux deux endroits :

Or contenu aux 100 pouds : 26 zolotniks. (Irkoutsk.)
　　　　　»　　　　　　　»　　　　　　9　　　»　　　　　(L'Onon.)

Achat d'un appareil d'essai. — L'achat d'un appareil d'essai du quartz aurifère est donc d'une urgence absolue aux mines de l'Onon. On y soumettra à de fréquents intervalles — tous les jours ne serait que mieux — les minerais extraits des travaux d'avancement. C'est le seul moyen de se rendre compte de la teneur réelle des minerais que les travaux feront rencontrer.

J'ajoute qu'au point de vue de l'estimation de la teneur réelle, effective, du quartz, ces analyses de la mine, qui ne donnent qu'une teneur sans aucun doute très inférieure à la réalité, sont une garantie de plus que, en les adoptant pour base de mes calculs, je suis assuré de me trouver plutôt en dessous qu'en dessus du chiffre réel de rendement que donnera le broyage effectif du minerai et son amalgamation dans le moulin, en recueillant en outre, dans un appareil approprié, les pyrites contenant l'or combiné.

Moulin à or de Baïan-Zourga.

Cette usine a été installée en 1884-1885 par M. Gellert, dans le but de traiter les minerais provenant des travaux qui venaient d'être entrepris dans le filon d'aplite et que j'ai décrits plus haut. Voici le tableau donnant les résultats du traitement :

ANNÉES	PRODUCTION DE MINERAI PASSÉE AU BROYAGE		PRODUCTION D'OR				PRODUCTION TOTALE				RENDEMENT aux
	Sagènes cub.	en 100 pouds.	Pouds.	Liv.	Zol.	Dol.	Pouds.	Liv.	Zol.	Dol.	100 pouds.
1886	88	1329	2	24	84	.	.	.	.	.	Zol.Dol. 7.5¼
1887	1	165	.	10	33	48	2	35	21	48	6.1
2 années	99	1494	2	55	21	48					

La teneur moyenne des minerais passés à cette époque a été
de 15 zolotniks, de sorte que le rendement ne dépassait pas
45 pour 100 de l'or contenu.

Causes de son insuccès. — Il est facile de se rendre compte de
la cause de cet énorme déchet, par la simple inspection des
lieux.

Je serai bref dans mes critiques : il est toujours pénible d'avoir
à juger et à condamner des installations faites par un tiers qui
n'est plus là pour se défendre ou pour expliquer la raison d'être
des vices que l'expérience a fait ressortir ; mais d'autre part, l'insuccès du moulin à or de Baïan-Zourga a eu trop de retentisse-
ment pour être passé sous silence.

On se figure difficilement en effet la portée de cet événement
malheureux sur l'industrie aurifère sibérienne : c'est un retard
de dix ans apporté à tout espoir de progrès et d'initiative dans ce
pays qui en a cependant grand besoin. La grande renommée
des riches placers de l'Onon, la position éminente de ceux qui les
dirigeaient, l'apparat qui a accompagné la mise en train du nouveau système, ont augmenté le désappointement et le décourage-
ment général, lorsqu'on a reconnu que la marche était désas-

treuse, au point de vue des rendements, et que le résultat économique conduisait à une perte considérable.

Voici maintenant les raisons de ces insuccès. Elles sont de deux ordres différents : 1° organisation défectueuse des appareils : 2° insuffisance des travaux préparatoires dans la mine proprement dite. Examinons-les séparément.

Installation défectueuse du moulin. — Mon impression après quelques instants de visite dans l'usine a été une profonde stupéfaction. Je n'avais jamais vu de moulin à or de cette espèce.

Afin de me résumer et ne pas entrer dans trop de détails, je vais figurer dans un tableau à deux entrées, les principaux éléments constitutifs d'un moulin à or ordinaire, courant, tel qu'on en construit par dizaines chaque année et qui sont employés dans tous les pays du monde; et en regard le moulin de Baïan-Zourga. On verra par la seule inspection de ce tableau, quelles sont les fautes capitales qui ont été commises.

Ce moulin n'a pas été construit dans le pays classique des moulins à or, mais dans les usines de l'Oural, sur des dessins remis à ces ateliers, par conséquent dans des conditions qui pouvaient presque à coup sûr faire présager un échec.

Le broyage des minerais d'or est une opération qui s'exécute sur un nombre si grand de points, à la surface du globe, que les moindres détails ont fait l'objet des recherches et des perfectionnements les plus minutieux. Vouloir s'en écarter et faire du neuf dans des types aussi bien arrêtés que ceux là, lorsqu'on n'est pas un constructeur de profession, c'est s'assurer par avance de cruels déboires.

MOULIN NORMAL 20 PILONS	MOULIN DE BAIAN-ZOURGA 20 PILONS
I. *Arrivée des minerais.* — Broyage au concasseur pour amener les morceaux à la grosseur d'une noix. Un seul ouvrier suffit à ce service pour un moulin de 20 pilons.	I. *Arrivée des minerais.* — *Concassage à la main.* Lent, coûteux (12 casseurs de pierres). Vol de tout l'or visible contenu dans les morceaux.
II. *Distribution aux pilons.* — Opération se faisant *automatiquement* au moyen d'un « ore feeder » évitant les engorgements et le travail à vide. Pas de main-d'œuvre.	II. *Distribution aux pilons.* — Par des ouvriers munis de pelles. Système coûteux et irrégulier.
III. *Pilons.* — Poids de chaque pilon 580 à 400 kilog. avec tendance à augmenter cette limite de poids.	III. *Pilons* de 160 kilog., beaucoup trop légers, incapables de pulvériser les gros morceaux de quartz compacts qui finissent par encombrer le mortier.
IV. *Mortier en fonte,* muni de *plaques intérieures en cuivre amalgamé* retenant la moitié de l'or du minerai sous forme d'amalgame. Le mercure est ajouté dans l'auge.	IV. *Mortier en bois.* — *Pas d'amalgamation* dans l'auge des pilons. Cette faute est capitale et a causé avec l'article VI la ruine du système.
V. *Dés et enclumes* en fonte durcie ou en acier, faciles à changer et à enlever pour le nettoyage de l'appareil.	V. *Dés et plaque de fond en fonte.* — Pas d'enclumes faciles à changer. Beaucoup de temps perdu au moment du nettoyage.
VI. *Plaques de cuivre amalgamé,* à la sortie des auges pour retenir l'or contenu dans la pulpe et le séparer à l'état d'*amalgame.*	VI. *Sluice à gradins* pour retenir l'or contenu dans la pulpe à l'état d'or libre. Autre erreur capitale. Un moulin à or doit rendre de l'*amalgame* et non de l'or à l'*état libre.*
VII. *Fruc Vanner* ou Concentrateur, pour retenir les pyrites aurifères ayant échappé à l'amalgamation.	VII. Aucun dispositif efficace pour retirer l'or libre et les pyrites aurifères contenues dans la pulpe, après son passage sur les appareils.
VIII. 8 ouvriers par 24 heures pour le service complet d'un moulin de 20 pilons.	VIII. 56 ouvriers employés au service du moulin de 20 pilons.

Je passe sur d'autres critiques secondaires, telles que la construction de deux pompes à piston et à balancier pour élever à 6 mètres de hauteur l'eau nécessaire au moulin. Ces défauts n'étaient pas, comme ceux énumérés plus haut, de nature à compromettre le résultat final; ils prouvent seulement que la personne à laquelle était due la conception du plan d'ensemble, et l'exécution du montage, manquait des connaissances les plus élémentaires de mécanique pratique.

Il est d'autant plus fâcheux que les choses aient été organisées de telle façon, que dès l'époque où le moulin de Baïan-Zourga a été construit (1885-86), on pouvait éviter toute école en s'adressant aux grandes maisons spéciales de construction de moulins à or, qui, je le répète, font des installations à forfait de ces appareils, dans tous les pays du monde, en se chargeant du montage et de la mise en marche, et en garantissant même un rendement fixé d'avance.

Il est bon de remarquer, à ce propos, qu'à l'inverse de ce que j'ai exposé à propos des alluvions sibériennes où les perfectionnements ne peuvent s'effectuer qu'en adaptant les engins nouveaux aux conditions locales et au climat, sous peine d'insuccès, le problème de l'utilisation industrielle des filons de quartz est un de ceux qui ont reçu sous tous les climats, dans tous les pays, une solution satisfaisante et toujours pareille, parce que les termes en sont nettement posés.

Il s'agit en effet non plus de traiter des matières variables, d'une richesse moyenne peu élevée, mais un minerai toujours identique à lui-même et d'une teneur exigeant un mode de traitement à la fois régulier, rapide et économique. Aussi le moulin californien subsiste-t-il tel qu'il a été conçu dans le principe, et l'emploi de ces moulins s'est-il répandu partout où l'on a à traiter des minerais analogues. Cet appareil constitue un de ces types industriels, qui ont pour champ d'application le monde entier et dont il n'y a pas de raison de s'écarter sous peine d'échec.

Absence de travaux préparatoires.

La deuxième cause d'insuccès du moulin de Baïan-Zourga tient non seulement à sa conception et à sa construction vicieuse, mais encore à ce que son érection a été décidée beaucoup trop tôt. On s'est hâté de l'installer dès que les premiers travaux dans le filon d'aplite ont fourni du quartz à haute teneur, sans se préoccuper de savoir quelles seraient les quantités de ces minerais à teneurs engageantes, sur lesquelles on pourrait compter d'une façon certaine.

Avant de pouvoir exploiter un gisement comme celui de Iévdakiévsky, il faut être fixé sur « le tempérament » des filons, tempérament essentiellement irrégulier comme on l'a vu plus haut. On n'a pas affaire à un seul filon qui pourrait être suivi constamment à travers les accidents divers, failles, rejets, etc., dont il aurait été le théâtre, mais bien à un stockwerk, à un réseau de filons, se croisant dans divers sens, avec enrichissement aux croisements et notamment dans certains croisements, ayant certaines directions déterminées, toutes notions que des travaux préparatoires suffisants peuvent seuls établir et qui constituent ce qu'on appelle le « tempérament » du gîte.

Nécessité de préparer des chantiers en réserve dans la mine. —Il est, en tout cas, de la prudence la plus élémentaire, dans des gisements pareils, de ne commencer une exploitation régulière, qu'après avoir préparé un nombre de chantiers *double* de celui strictement nécessaire pour assurer la production fixée. On se

met ainsi à l'abri des appauvrissements, des amincissements
subits des fronts de taille, accidents auxquels il faut sans cesse
s'attendre.

Principe du traçage en avance de deux ans sur l'exploitation.
— En outre de la préparation des chantiers d'abatage proprement dits, il faut avoir des avancements dits de *traçage* au
moyen desquels on découpe, à l'avance, les minerais destinés à
être abattus deux ou trois ans après le traçage. On se met ainsi à
l'abri d'un accident tel que l'appauvrissement général de la
mine, la rencontre d'une faille ou d'un rejet, exigeant des travaux longs et coûteux pour être surmontés.

En fait, dans une mine conduite avec prudence, les principes
que je viens d'exposer, sont strictement observés et on ne décide
l'érection d'un moulin à or que lorsque les travaux préparatoires
ont permis de reconnaître avec certitude et de découper par des
galeries de traçage, un *cube de minerai suffisant pour assurer
le service du moulin pendant au moins deux années d'avance.*

Cube minimum à mettre en évidence. — Par exemple pour un
moulin de 20 pilons, comme celui de Baïan-Zourga, passant
2 tonnes par flèche; soit 40 tonnes par jour ou 15.000 tonnes par
an, il aurait fallu, avant de rien construire, avoir découpé environ
50.000 tonnes de minerai, correspondant à 20.000 mètres cubes
de filon en place.

Je n'ai pas besoin de dire que les travaux exécutés jusqu'à
présent sur le filon d'aplite sont loin d'avoir mis en évidence un
cube pareil.

Fréquence des travaux préparatoires insuffisants.

Cette erreur qui consiste à mettre, comme on le dit vulgairement, la charrue avant les bœufs et à construire le moulin avant d'avoir la certitude qu'on aura du minerai en quantité suffisante pour assurer son alimentation, est une de celles que j'ai eu le plus souvent à constater dans les districts aurifères que j'ai visités. Elle s'explique par l'état d'emballement que cause la découverte de quartz aurifères à teneurs élevées, et par le désir d'arriver au plus vite au moment où on sera en mesure de recueillir le métal précieux, ce qui empêche d'apprécier avec sang-froid les circonstances défavorables qui peuvent se présenter. Cumenge (¹) a parfaitement décrit cet état d'esprit des exploitants :

« S'il est juste de dire qu'aux État-Unis on s'abstient de procéder prématurément à des installations coûteuses, et si, à l'inverse de ce qui se passe trop souvent dans les entreprises dirigées par une administration européenne, on réduit au strict nécessaire l'installation des logements, des bureaux et d'autres dépendances, il n'est pas moins vrai que, dans ce pays même, on a une tendance générale à construire tout d'abord le moulin, quitte à développer ultérieurement la mine.

« Le fait qu'il existe aux États-Unis, principalement à Chicago et à San-Francisco, de grands établissements de construction de matériel de mines et d'usines, toujours prêts à fournir, à bref délai, des usines de traitements métallurgiques et à les livrer à prix fixe, favorise singulièrement cette tendance dangereuse.

« Trop souvent il arrive alors que le filon ne répond pas aux espérances que l'on avait conçues, et comme, d'autre part, il faut

(1) Cumenge et Fuchs. *Encyclopédie chimique*, tome V, p. 154.

toujours un temps assez long pour ouvrir une mine et la développer, les capitaux viennent à manquer. Aussi un nombre considérable de moulins restent-ils sans emploi. Il faut avoir parcouru les régions minières des États-Unis pour se faire une idée de la quantité extraordinaire de moulins à or et à argent qui restent ainsi à l'abandon dans les solitudes du Far-West. »

Situation analogue de la Compagnie Belogolowy. — On voit, comme je l'ai déjà dit, qu'aucune erreur n'est plus commune et, jusqu'à un certain point, plus excusable. Elle a été commise aussi dans les exploitations de la Compagnie Belogolowy, qui se trouve en ce moment dans une position critique par suite du manque de travaux préparatoires suffisants pour assurer la marche régulière de ses 48 pilons. A l'époque de ma visite, les magasins de minerai étaient complètement vides, les chantiers productifs dans la mine presque épuisés et le directeur se proposait d'arrêter les pilons jusqu'à ce qu'il ait pu rétablir sa production sur son pied normal. La valeur et l'avenir de cette affaire sont ainsi rendus incertains et aléatoires, pour cette seule raison du manque de travaux préparatoires.

Résumé de ce Chapitre.

Pour résumer en quelques lignes les questions relatives à l'exploitation des filons du Khangarok traitées dans ce chapitre, je dirai que ces filons n'ont été jusqu'ici l'objet que de recherches trop insuffisantes pour donner une opinion exacte de leur valeur et pour faire un cubage approximatif du minerai mis à jour. Les travaux que j'ai décrits étaient bien commencés, bien choisis comme emplacement et je n'ai pas d'autre preuve à en donner que le programme fixé pour leur reprise, qui utilise les galeries faites à deux

niveaux différents, dans le filon d'aplite. Il n'y avait donc qu'à
les continuer dès l'époque où on les avait entrepris. Malheureusement l'insuccès du moulin avait complètement découragé
les intéressés. On ne voyait pas l'utilité de continuer à préparer
l'exploitation de minerais qu'on était hors d'état de traiter
économiquement, de sorte qu'en résumé la mine s'est trouvée
englobée dans la défaveur que cet échec a jetée sur l'exploitation
des filons, bien qu'elle n'ait par elle-même donné aucun déboire
sur le point essentiel de la *teneur en or* des minerais extraits.

On peut donc dire que, en ce qui concerne les filons, on commence à peine à se rendre compte de leur situation et de leur
mode de formation, notions qui sont pourtant d'une importance
capitale pour le choix et la direction des travaux préparatoires.

*Conclusions favorables à l'exécution des travaux de traçage
dans les filons.* — Mais je me hâte d'ajouter que les teneurs
trouvées aux différents points d'attaque, non seulement sur les
filons de retrait contenus dans l'aplite, mais aussi sur les filons
parallèles des concessions « Supplément à Serafimovsky » et
Kvartzevy sont si satisfaisantes, qu'elles justifient d'une manière
complète à mes yeux, les dépenses que je propose de faire sur ces
gisements. Sans parler en effet des teneurs exceptionnelles, dépassant 60 zolotniks aux 100 pouds, trouvées sur certains points,
je considère que des teneurs de 10 à 12 zolotniks seront certainement atteintes par la moyenne des minerais du Baïan-Zourga.
Or ces teneurs sont tout à fait rémunératrices, étant données
surtout les conditions locales avantageuses que présente la région
de l'Onon, tant au point de vue de la main-d'œuvre qu'à celui
des approvisionnements et des moyens de subsistance abondants
et bon marché, produits par le pays même.

On a d'ailleurs l'exemple probant des mines voisines exploitées avec profit par la Compagnie de Belogolowy avec une teneur moyenne de 7 zolotniks aux 100 pouds.

L'échec de la première tentative faite par la Compagnie de l'Onon, pour traiter par broyage et amalgamation le quartz aurifère de ses filons, n'est nullement dû à la pauvreté du minerai. Il doit être entièrement attribué, d'une part, aux appareils défectueux de traitement qui ont été installés à grands frais ; et d'autre part, à l'insuffisance de travaux préparatoires dans la mine proprement dite, qui ont arrêté à chaque instant la marche de l'usine, laquelle n'a jamais été assurée de son alimentation régulière.

J'ai tenu à bien établir ce point, avec preuves à l'appui, afin de dissiper tout doute ou toute équivoque, sur cette question essentielle.

CHAPITRE IV

I. — PLACERS

J'ai consacré le Chapitre II de cette étude à l'exposé de la situation actuelle des placers de la Compagnie de l'Onon. Il résulte de cet exposé :

1° Qu'il existe dans les placers Blagoviestchensk et Vassiliévsky un deuxième niveau aurifère encore intact, qui n'a été jusqu'à ce jour l'objet d'aucun travail de recherches ;

2° Qu'il reste encore, dans un certain nombre de concessions, des parties non exploitées dans le niveau aurifère supérieur, seul connu jusqu'à présent ;

3° Qu'il existe enfin sur les placers exploités depuis le début de la Société, de grands cubes de matières déjà lavées une fois, mais suffisamment riches pour être soumises avec profit à un deuxième lavage.

Quel parti peut-on tirer de cet ensemble et quels sont les moyens à employer à cet effet ? Quelles seront enfin les dépenses et les recettes à prévoir dans ce cas ?

Exploitation du deuxième niveau aurifère.

Un examen attentif des lieux et les cotes que j'ai relevées en faisant le nivellement, m'ont démontré que le deuxième niveau aurifère du placer Blagoviestchensk se trouve, dans la majeure partie de son cours probable. situé au-dessous de vastes ·marécages formés par le Moyen Khangarok dans la partie inférieure de son cours. La pente de la vallée devenant de plus en plus faible, les eaux se répandent dans tous les sens et forment des marais tourbeux qui s'accroissent encore par l'afflux des eaux du Baïan-Zourga. Le point de convergence des deux rivières se trouve à 1.600 mètres environ en aval de la limite Sud du placer Blagoviestchensk; il se trouve donc compris dans le placer Vassiliévsky, dans lequel je prévois que les deux niveaux aurifères devront être l'objet d'une exploitation simultanée.

Choix de la méthode. — La question de l'assèchement de ces chantiers futurs se présentait donc comme devant offrir de graves difficultés : grand afflux des eaux pendant la saison des pluies, faible pente longitudinale du thalweg, nécessité par conséquent d'un vaste canal pour écouler constamment les eaux et maintenir les chantiers à sec. La pente superficielle de la vallée ne dépasse pas 1,25 pour 100 dans cette région. La hauteur probable de l'alluvion à abattre, y compris les morts-terrains, devra dépasser 6 à 7 mètres; enfin la pente du canal de fuite devant être de 0 m. 70 par 100 mètres, afin d'éviter une section démesurée de cet ouvrage, on voit que ce projet exigeait, pour assurer l'assèchement naturel et permanent des chantiers, le creusement et l'entretien d'un canal de fuite d'au moins 1.200

mètres de longueur, dont les frais de premier établissement et
d'entretien seraient très élevés.

Il y avait aussi à prévoir la possibilité d'une inondation subite,
qui comblerait le canal de fuite et compromettrait la campagne;
de sorte qu'après examen approfondi, la solution pour laquelle
je penchais au début de mon étude, à savoir l'exploitation de
cette alluvion par banquettes et excavateur à vapeur, a dû être
abandonnée.

Emploi de la drague.

L'exploitation par drague résout la difficulté d'une manière
complète, et c'est la conclusion à laquelle j'avais été amené par
l'étude détaillée du problème. Il est curieux de constater que
c'est cette même solution à laquelle on arrive maintenant, sans
entente préalable, dans le bassin de la Zéya, où on se trouve
en face des mêmes difficultés : alluvions aurifères profondes
et gelées, sous un sol marécageux et sans pente.

Il va sans dire que l'épuisement par machines à vapeur, qui
peut convenir dans certains cas spéciaux où on a à enlever rapidement et sans avancer trop de frais, une alluvion de dimensions limitées, peu exposée à l'inondation, ne pouvait pas entrer
en ligne de compte dans le cas qui nous occupe.

Pour en revenir à l'emploi de la drague, je vais décrire un
chantier muni de cet engin, tel qu'il a été récemment organisé
dans les exploitations de la Compagnie de la « Verkné-Zéya Cʸ ».

Drague de la Compagnie de la Verkné-Zéya.

Le type choisi est une drague à godets. Elle a été construite
sur place, en utilisant la machinerie et le mécanisme d'un

excavateur à vapeur, que la Compagnie avait fait venir précédemment et qui, tout en donnant une certaine économie sur le prix de revient par les anciens procédés, n'était pas bien adapté aux conditions locales. Cet appareil était trop puissant, trop lourd, trop difficile à déplacer ; or il faut dans les alluvions sibériennes, changer fréquemment de place, car la hauteur des tailles est toujours très faible à cause du phénomène du gel profond du terrain, qui ne dégèle en été que sur de faibles épaisseurs.

On voit la difficulté du problème : pour abaisser le prix de revient de l'abatage, il faut des appareils puissants faisant un gros cube, avec un très petit personnel, donc des appareils lourds ; d'autre part il faut constamment les déplacer à cause du peu de hauteur des tailles : or un excavateur lourd demande à être supporté par de gros rails et de fortes traverses dont le ripage est pénible et demande beaucoup de main-d'œuvre, d'autant plus que le personnel ouvrier dont on dispose sur les mines n'est pas habitué aux manœuvres de force.

On a résolu très élégamment le problème en faisant flotter cet excavateur, préalablement débarrassé de son truc porteur, en le montant sur un ponton spécial muni d'une échancrure pour le passage de l'élinde et construit entièrement sur place, avec les bois du pays.

Drague à succion de la Verkné-Amoursky C^y. — En même temps que cette installation suivait son cours, la Verkné-Amoursky C^y faisait l'acquisition d'une drague à succion, complète, avec caisson en tôle, identique au type qui a donné en Nouvelle-Zélande des résultats merveilleux (voir à l'Annexe E des renseignements complémentaires sur les dragages en Nouvelle-Zélande). Cet appareil, fort coûteux, n'a donné une fois mis en activité, que des déboires. C'était facile à prévoir. Les alluvions de la Nouvelle-

Zélande exploitées par cet appareil, sont des sables homogènes
fins, ne contenant qu'exceptionnellement des cailloux ou « boulders » un peu volumineux, d'où une régularité parfaite de la
succion de la couche aurifère. Tout autre est le cas en Sibérie,
où l'on a affaire à des alluvions hétérogènes contenant de grandes
quantités de « boulders » dont plusieurs dépassent le volume
de la tête. Une drague suceuse attelée sur une alluvion de ce
genre, y produit un débourbage local; puis, après quelques
moments, les cailloux que la drague ne peut pas absorber forment
tout autour de la crépine un véritable manteau protecteur, un
filtre à gravier, qui protège le restant de l'alluvion et la suceuse
ne monte plus que de l'eau claire.

C'est là un bon exemple du principe sur lequel j'ai insisté dès
le début de cette étude, à savoir la nécessité, sous peine d'échec,
de bien connaître les conditions locales de la Sibérie et d'y
adapter les appareils qu'on se propose d'y introduire.

Organisation d'un chantier de dragage.

Pour en revenir à la drague à godets, voici comment le travail
est organisé. A l'inverse des méthodes employées jusqu'ici, on
abat l'alluvion aurifère en descendant d'*amont vers aval*, tandis
que le procédé par tailles à sec, exige naturellement qu'on avance
en montant depuis l'*aval* jusque *à l'amont*.

On crée ainsi un bassin artificiel, que la rivière plus ou moins
importante qui coule dans le placer, maintient constamment
plein d'eau. C'est sur ce bassin qu'on fait flotter la drague. On a
alors le plan et le profil indiqué à la Pl. VII, page suivante. Le
bed rock, ainsi que les anfractuosités qu'il présente, et qui sont
généralement riches en pépites, est retiré à la main au fur et

à mesure que les travaux, en avançant vers l'aval, le mettent à découvert.

Sluice attenant à la drague. — La drague déverse directement dans un sluice porté par le ponton lui-même. L'eau est fournie par une pompe centrifuge placée aussi sur le ponton; de sorte que la même eau ressert indéfiniment, avantage précieux sur les placers dépourvus de cet élément essentiel. On lave le minerai avec huit fois son volume d'eau.

Le fond du sluice est occupé par des « riffles », sorte de faux-fond en fer ou en fonte, formant casiers pour retenir l'or.

Les tailings sont reçus à l'extrémité dans un chaland en bois, sorte de caisson flottant portant 4 sagènes cubes.

Transport des stériles par chalands. — Quand ce caisson est plein, on l'amène dans une échancrure « ad hoc » pratiquée sur le rivage et installée de façon à ce que la vidange du chaland et le chargement des wagonnets se fassent mécaniquement.

Cet ensemble a fonctionné d'une manière très satisfaisante. Il n'y a à signaler que des critiques de détail. Elles tiennent pour la plupart à ce que cette drague était, si je puis m'exprimer ainsi, un appareil de fortune, fait avec les débris d'un excavateur. Il ne fait pas moins l'éloge de la Société qui en a conçu l'exécution et de ceux qui en ont étudié et dirigé la marche.

Rendement en or. — Le lavage des alluvions dans un sluice aussi court que celui que comporte cette drague, ne peut pas être complet. On peut évidemment l'allonger et l'établir en forme de Z avec un ou deux « under-currents » ce qui améliorerait déjà notablement le rendement. Cette question des sluices, comparés aux anciens procédés, est trop importante pour que je ne cherche pas à esquisser ce parallèle.

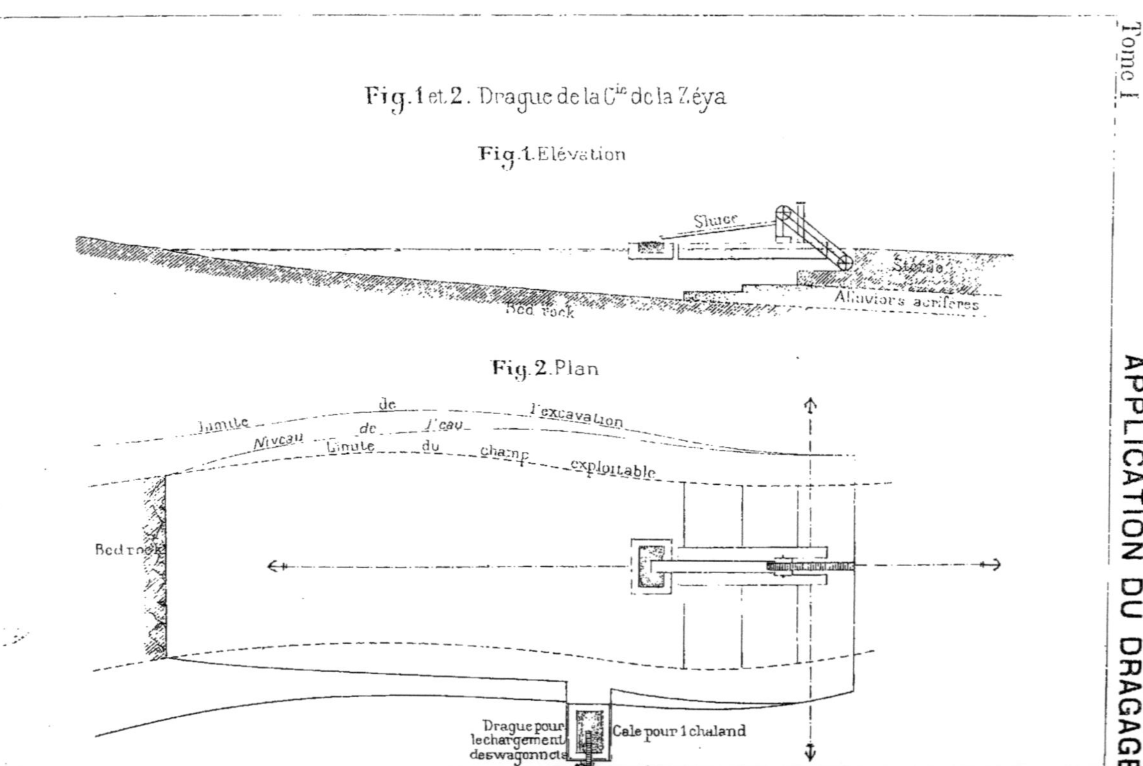
Fig. 1 et. 2. Drague de la Cie de la Zéya
Fig. 1. Elévation
Sluce
Sluice
Stage
Alluvions aurifères
Bed rock
Fig. 2. Plan
limite — de — l'excavation
Niveau — de — l'eau
Limite — du — champ — exploitable
Bed rock
Drague pour le chargement des wagonnets
Cale pour 1 chaland

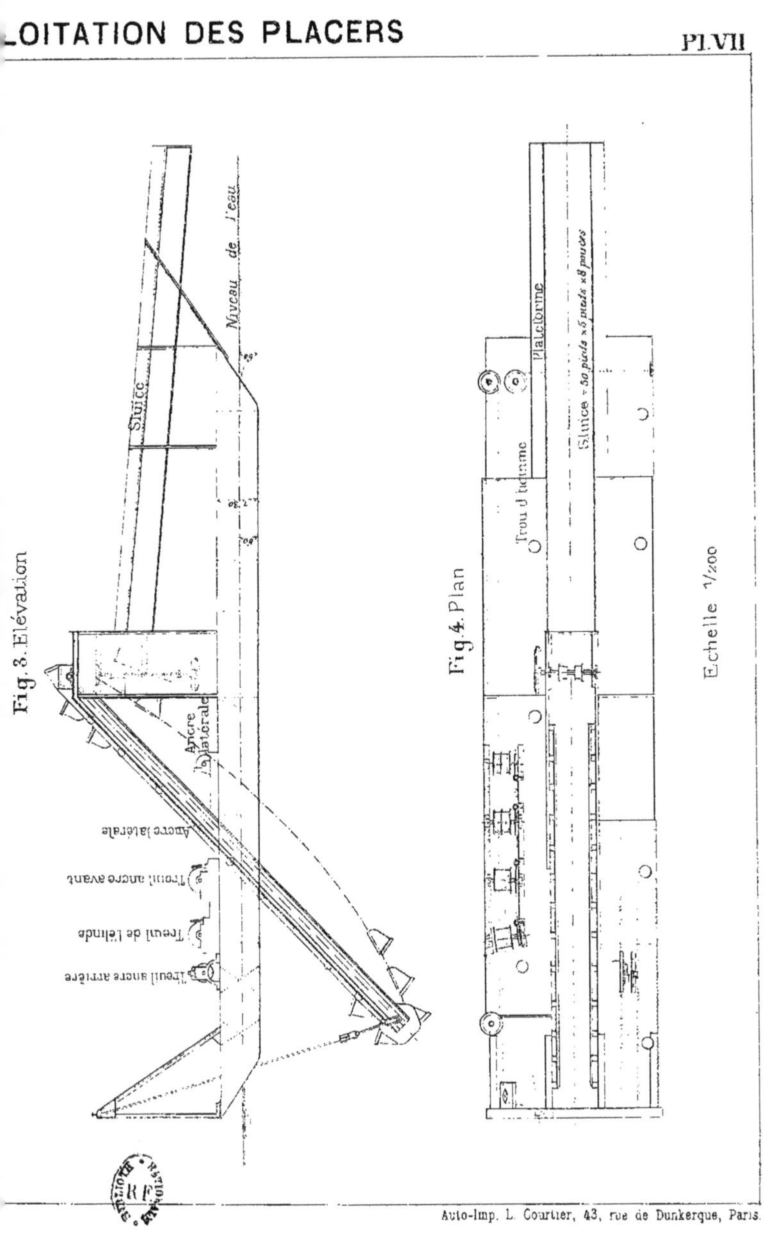

Fig.3. Elévation
Niveau de l'eau
Sluice
Ancre latérale
Ancre latérale
Treuil ancre avant
Treuil de l'élinde
Treuil ancre arrière
Fig.4. Plan
Plateforme
Trou d'homme
Sluice = 50 pieds × 5 pieds × 8 pouces
Echelle ¹/₂₀₀

LAVOIR SIBÉRIEN *CONTRE* LAVAGE AU SLUICE

Premiers essais comparatifs antérieurs à 1875. — La comparaison des deux systèmes date de longtemps déjà. Lock, dans le premier volume de son grand ouvrage, cite les expériences comparatives minutieuses auxquelles on s'est livré à ce propos, en Sibérie Orientale, il y a plus de vingt ans. Ces essais, exécutés, paraît-il, avec une certaine prévention, tournèrent à l'avantage du lavoir sibérien, surtout au point de vue du rendement. D'après la description qu'en donne Lock, ces expériences paraissent avoir surtout péché, en ce qui concerne l'emploi du sluice, par la trop faible quantité d'eau employée pour diluer l'alluvion.

Emploi croissant du sluice dans les provinces de l'Amour. — Malgré ces conclusions, le sluice a peu à peu pénétré dans les exploitations de la Zéya et y est maintenant exclusivement adopté. Mais là se borne son domaine. Je n'ai pas vu en Transbaïkalie un seul lavage des alluvions par simple sluice en activité. Examinons les causes de ces divergences.

Comparaison des deux procédés. — La première condition pour qu'un lavage au sluice soit parfait, est que sa longueur soit assez grande pour que la totalité des pelotes argileuses que contient l'alluvion soient détruites, désagrégées et diluées dans une quantité suffisante d'eau pendant le parcours sur les « riffles » du sluice. On conçoit donc que la longueur de ce dernier soit en relation directe avec la nature plus ou moins argileuse de l'alluvion. Poser une règle absolue à cet égard est impossible, car deux alluvions identiques d'aspect, se comporteront très différemment dans le sluice selon la quantité de gros cailloux et d'argile qu'elles contiendront l'une et l'autre.

Hauteur du sluice-tête. — Cette question de longueur joue un rôle capital dans le lavage sibérien, car la hauteur initiale de la tête du sluice, à laquelle toutes les matières doivent être péniblement relevées par les tarataïkas (¹), en est augmentée d'autant, et un accroissement de 1 ou 2 mètres dans la hauteur du lavoir correspond à une diminution considérable dans le rendement des moyens de transport. On est donc limité pour éviter des frais trop considérables, du moins dans les conditions actuelles de transport, à une longueur assez faible de sluice.

Sluice-type de la Compagnie de la Zéya. — A la Compagnie de la Zéya, cet appareil est établi sur un modèle à peu près uniforme dont je donne le croquis en regard Pl. VIII (fig. 1), sa longueur totale est de 14 sagènes dont 10 enfermées dans une sorte de cage pour éviter le vol de l'or, qui se dépose pour la majeure partie dans cette première longueur.

Riffles. — Le fond est garni de grilles ou casiers en fonte ou en fer, lorsqu'on traite des alluvions contenant de gros graviers ; en plaques de fer percées de trous de 15 à 20 millimètres, lorsqu'on lave des alluvions plutôt sableuses et menues.

Pente. — Pente moyenne : 6 degrés.

Quantité traitée par jour. — Un sluice de ce genre, ayant 1 archine de largeur, lave par journée de dix heures, 60 sagènes cubes (environ 600 mètres cubes) d'alluvions avec le personnel suivant :

(1) Charrettes à 1 cheval portant 250 litres.

Fig. 1. Sluice type de la Compagnie de la Zéya

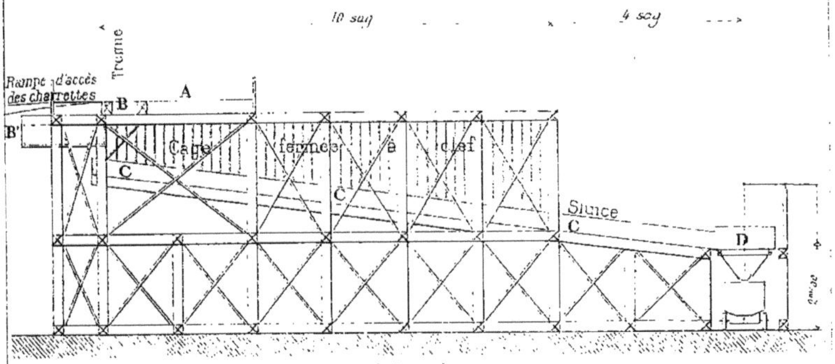

Légende

A — Plateforme d'arrivée des sables aurifères

B — Trémie de chargement des sables aurifères

B' — Caisse à eau

CCC Sluice de lavage fermé à clef sur les 10 premières sagènes

D Trémie de tailings

Fig. 2. Graphique de la température moyenne annuelle à Nertchinsk

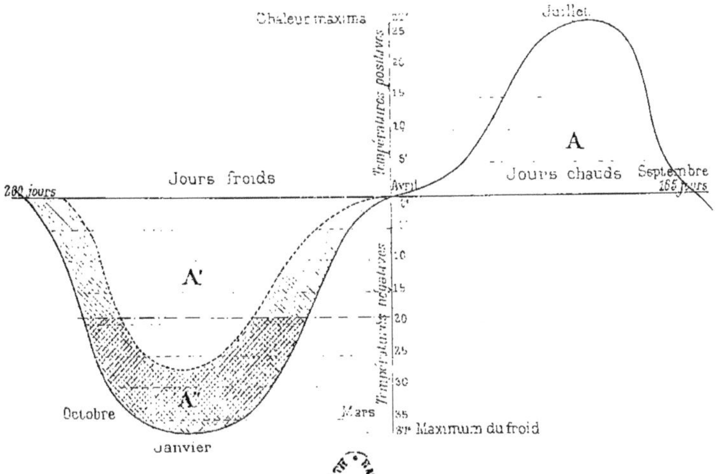

ÉDOUARD ROUVEYRE, ÉDITEUR A PARIS Auto-Imp. L. Courtier, 43, rue de Dunkerque, Paris.

Personnel employé.

1 surveillant, chef-laveur.
2 manœuvres.
1 gamin à la décharge des trémies.

Total 4 hommes.

Au lieu de 9 qu'exige le service d'un lavoir sibérien à tchachka.

Consommation d'eau. — Le sluice exige une quantité d'eau considérable. Il faut compter au moins 8 fois en volume, celui de l'alluvion traitée. Dans les placers peu alimentés, il est indispensable de réemployer la même eau, en la pompant au fur et à mesure qu'elle a passé dans l'appareil, et en la refoulant dans un réservoir en amont.

Action débourbante du sluice. — Il est certain qu'un sluice de 14 sagènes de longueur ne peut pas débourber d'une manière complète une alluvion, pour peu qu'elle soit de nature un peu argileuse. Il se forme alors des pelotes qui s'en vont avec les pierres, sans se déliter, et l'or qu'elles peuvent contenir est dès lors perdu, ou du moins ne peut être repris qu'après quelques années de séjour en tas, exposés aux agents atmosphériques qui désagrègent ces pelotes. C'est ce phénomène, bien connu des laveurs d'or, qui leur fait dire que les « atvals », « éféla » ou « galka » (noms des résidus déjà lavés une fois, selon leur grosseur) *s'enrichissent en or* en vieillissant.

C'est cette manière d'opérer qui prévaut à la Zéya. On a alors le soin de placer ces « atvals », grâce au moyen mécanique dont

on dispose, à une certaine hauteur au-dessus de la vallée, de
manière à pouvoir les laver une deuxième fois au sluice, sans
avoir besoin de toucher aux résidus de cette deuxième opération,
qu'on renvoie ainsi à leur place primitive. Il y a en tout cas un
calcul à faire pour se rendre compte s'il y a, ou non, avantage
à aller chercher l'or contenu dans les pelotes, car il faut remarquer qu'en général, ce sont les parties argileuses de l'alluvion
qui sont les moins riches, ainsi que la logique l'indique. Les
dépôts aurifères ont obéi, lors de leur formation, aux lois de
classement des corps dans un liquide en mouvement; par conséquent les dépôts légers comme les argiles, se sont précipités à
part des dépôts aurifères lourds. Il y a cependant des argiles
aurifères riches, ce sont celles qui proviennent de la décomposition, postérieure au dépôt de l'alluvion, du feldspath des aplites
aurifères.

Résultats pratiques. — Quoi qu'il en soit, il ressort des essais
qui ont précédé l'adoption du sluice comme unique appareil de
lavage de la Compagnie de la Zéya, qu'*un sluice de 14 sagènes
désagrège et délaie mieux les pelotes d'argile, qu'une tchachka et
même qu'un trommel de dimensions ordinaires.* Ce dernier appareil a en outre l'inconvénient, par le fait du mouvement de rotation dont il est animé, de favoriser l'incorporation à la surface
des pelotes d'argile, des pépites ou grains d'or mis à nu par le
débourbage à l'intérieur du trommel. L'or collé sur ces pelotes
s'en va avec elles aux tailings.

Un dispositif à recommander est la combinaison du trommel
et du sluice. Celui-là est un excellent appareil pour se débar-
rasser des gros cailloux qui fatiguent inutilement le sluice. On
emploie des dispositifs de ce genre sur les dragues de Nouvelle-
Zélande appliquées, il est vrai, à des alluvions plutôt sableuses,

car il serait inefficace pour des matières argileuses se mettant
en pelotes.

Construction d'un sluice sibérien. — Pour ces dernières, il n'y
a qu'un moyen de résoudre la difficulté, c'est d'*accroître la
longueur du sluice*, en élevant le point de chargement et en
employant alors des moyens mécaniques pour apporter les
matières à ce niveau. *Accroître* en même temps la *quantité d'eau*,
de manière à produire un débourbage énergique, enfin installer
dès la troisième longueur de boîtes du sluice, soit à environ
15 mètres de sa tête, un « under current », dispositif très
simple, permettant d'éliminer d'un seul coup et sans frais, toutes
les grosses pierres que le premier parcours aura déjà mises à nu.

Emploi du mercure dans les boîtes de queue. — Enfin sur les
sluices de longueur réduite, l'expérience a démontré, que quoi
qu'on fasse, on a toujours une assez forte perte en *or fin*, si on ne
vient pas compléter l'action physique de la pesanteur par l'action
chimique du mercure. De là cette règle qu'il sera, je crois, excellent d'appliquer aux sluices sibériens, d'ajouter du mercure
dans les trois boîtes de queue de sluice. On sauve ainsi une
grande proportion de l'or fin qui aurait, sans cette précaution,
été complètement perdu.

Capacité comparée de production. — Au point de vue du
rendement par heure, et de l'économie de main-d'œuvre du
lavage proprement dit, le lavoir sibérien ne peut pas un instant
supporter la comparaison. J'ai cité au cours de l'étude qui précède la production des lavoirs que j'ai étudiés, tant à l'Onon
qu'à Malamalsky, la plupart d'entre eux ne dépassent pas 15 à
20 sagènes par jour et ce, avec un personnel qui ne descend pas,

dans les cas les plus favorables, au-dessous de huit hommes. Enfin le sluice supprime complètement l'emploi de la force motrice à vapeur ou hydraulique, ce qui est une économie et une simplification qui a bien son mérite.

Avantages du lavoir sibérien sur les petits chantiers. — Le lavoir sibérien est cependant un appareil qui, sous ses dehors un peu frustes, cache des qualités très réelles, qui expliquent sa vogue prolongée. La tchachka fait un travail lent mais efficace de débourbage; les gradins sur lesquels l'or s'arrête avec le schlich gris comportent des dispositifs très ingénieux, étant donnée leur longueur extrêmement réduite. L'ensemble d'un lavoir sibérien constitue un édifice ramassé, de dimensions restreintes, facile à démonter et à transporter à côté des alluvions qu'il s'agit de traiter; enfin la rampe d'accès peut ne pas dépasser 5 mètres de hauteur.

Toutes ces conditions favorables, ajoutées à ce fait qu'une tchachka se monte facilement sur place, avec les bois et les ressources du pays et coûte seulement 1.000 roubles, dont 300 pour les ferrures et 700 pour la construction et le montage, expliquent la renommée du système. C'est un appareil qui convient très bien aux exploitations restreintes et aux sables riches. Il est inapplicable au lavage de grandes masses de sables et alluvions pauvres, qu'il s'agira dans l'avenir de traiter en Sibérie, au moyen d'appareils mécaniques pour l'abatage et par sluice américain pour le lavage proprement dit.

Conclusions. Diminution du vol de l'or. — Je termine en faisant remarquer que le sluice offre encore l'avantage de se prêter moins au vol que le lavoir sibérien, et qu'il sera même possible d'améliorer l'installation-type d'un sluice appliqué à la

Sibérie, telle que je viens de la décrire, de façon à supprimer complètement le contact de l'ouvrier avec les sables enrichis restant dans l'appareil au moment du lavage. Il peut être effectivement imaginé un appareil pratique classant et lavant automatiquement ces matières enfermé dans un réduit cadenassé, et n'exigeant pas pour fonctionner, l'intervention des ouvriers.

Comparaison du travail avec la drague aux anciens procédés.

Les avantages principaux de la drague, appliquée aux alluvions sibériennes, peuvent se résumer comme suit :

1° Absence complète de travaux préparatoires : il n'y a ni canal d'asséchement, ni « flumes » d'adduction d'eau, parfois si coûteux à construire. Il suffit de creuser la place suffisante pour faire flotter la drague, et cette dernière se charge elle-même de creuser son chantier définitif.

2° Plus grande facilité que par tout autre moyen de travailler les *alluvions gelées*. On peut augmenter notablement la hauteur des tailles sous-marines, l'eau, dont le pouvoir calorifique est comme on le sait considérable, agit comme un puissant agent de dégelage en transmettant au fond gelé de la fouille, la chaleur solaire absorbée pendant le jour.

D'après les résultats acquis, on peut estimer à un tiers l'accroissement de hauteur des tailles sous-marines par rapport à celles qui se dégèlent à l'air libre.

3° Mobilité parfaite de la drague qui, une fois fixée sur ses ancres et convenablement outillée par des treuils à vapeur placés sous la main du mécanicien, se déplace au gré de ce dernier, sans nécessiter d'hommes pour les manœuvres.

4° L'emploi de la drague permet de considérer, comme allu-

7.

vion aurifère payante, une grande proportion de matières rejetées auparavant comme stériles, ce qui diminue d'autant les frais de déplacement des morts-terrains. Il y a donc avantage à faire passer dans le sluice, *toutes les matières draguées sans exception.* L'or qu'elles peuvent laisser au passage vient en déduction des frais de décapelage.

5° L'emploi du sluice diminue considérablement les chances de vol. Il n'y a à bord du ponton qu'un personnel restreint, facile à faire surveiller par un seul contremaître.

6° Enfin l'avantage primordial, qui suffirait à lui seul à justifier l'emploi du système, c'est l'économie de main-d'œuvre qu'il procure. Quelques chiffres fixeront les idées à cet égard.

Économie de main-d'œuvre.

Aux placers de la Zéya, comme dans ceux de la Transbaïkalie, on compte en moyenne 4 journées de travail d'ouvriers pour abattre une sagène cube de terrain aurifère, la transporter au lavoir, l'y traiter et porter à la décharge les stériles.

Avec la drague, ce chiffre a été réduit à 1 journée 70, *soit une économie de 57,5 0/0 sur le prix ancien.*

Il en résulte que certains placers de la Compagnie de la Zéya par exemple, qu'on ne touchait pas à cause de leur trop faible teneur, vont laisser de très beaux bénéfices en les exploitant à la drague. Voici un cas : il s'agit d'un placer dans lequel les sondages ont reconnu l'existence de 45.000 sagènes cubes d'alluvions aurifères contenant une quantité totale de 23 pouds d'or. Le prix de la journée d'ouvrier, tous frais quelconques compris, ce qui s'appelle en style local la « padionnchina », est sur ce placer de 5 roubles 66.

Voici le calcul :

Ancien procédé. — L'ancien procédé demande, à raison de 4 journées par sagène cube abattue :

$$45.000 \times 4 = 180.000 \text{ journées}$$

qui, à raison de 3 roubles 66 l'une, représentent une dépense totale de :

$$180.000 \times 3,66 = \quad 658.800 \text{ roubles.}$$

Recette :

23 pouds d'or à 18.000 roubles l'un :   414.000   —

Perte. . .   244.800 roubles.

Emploi de la drague. — Nombre de journées nécessaires :

$$45.000 \times 1.7 = 76.500 \text{ journées}$$

valant $76.500 \times 3.66 =$ 279.990 roubles,

qui retranchés de la recette. . . . . . .   414.000   —

laissent un bénéfice net de. . . . .   134.010   —

au lieu d'une perte de. . . . .   244.810   —

soit une différence totale de. . . . . .   378.818   —

produite par l'emploi des moyens mécaniques, substitués aux anciens procédés.

Limite d'exploitabilité des alluvions travaillées avec la drague.

Les chiffres de dragage ci-dessus fixés, sont encore incomparablement plus élevés que ceux obtenus dans des contrées qui, comme la Nouvelle-Zélande, font du dragage aurifère depuis de longues années et sont arrivées à des prix de revient extraordinairement bas, dans un pays où la main-d'œuvre est cependant très chère. J'en ai donné un exemple aux Annexes (voir Annexe E, page 177), mais il n'y a pas d'assimilation à établir entre les deux pays. On n'a pas affaire en Nouvelle-Zélande à des alluvions gelées et ce simple phénomène, par les conséquences qu'il entraîne, suffit à lui seul à changer d'une façon complète les éléments du problème.

A ce dernier point de vue, les alluvions de l'Onon se trouvent dans des conditions beaucoup plus avantageuses que celles de la Zéya ou même du district de Nertchinsk. Elles sont moins profondément et moins complètement glacées que ces dernières, et leur exploitation par la drague sera ainsi singulièrement favorisée. On pourra prendre des gradins plus hauts que dans les tailles à l'air libre, peut-être de 5 tchetverts ou même d'une archine.

Emploi des sluices. — L'emploi de la drague entraîne forcément celui du sluice pour le lavage des matières extraites. J'ai déjà passé en revue les avantages de cet appareil de lavage, je n'y reviendrai pas; mais il est certain que son adoption n'est plus qu'une question de temps et de patience. Pour les exploitations de l'Onon, cette réforme sera d'une utilité incontestable pour le relavage des anciens stériles qui se prêtent bien au traitement dans un sluice court, ces matières étant par leur origine même, plutôt sableuses qu'argileuses. J'estime, néanmoins, que ce changement peut être ajourné jusqu'au moment où l'exploitation du deuxième niveau aura pris sa marche normale, de manière à procéder par améliorations graduelles et éviter des changements trop brusques, qui sont toujours fâcheux dans une affaire aussi lointaine et aussi dépourvue de personnel que celle de l'Onon. Les agents locaux auront ainsi le temps de se familiariser avec l'emploi du sluice et le changement s'opérera alors sans peine et pour ainsi dire de lui-même sur les autres chantiers.

Sondages à exécuter sur le deuxième niveau.

Un premier point indispensable pour établir un appareil de dragage à l'Onon, est d'être exactement renseigné sur la profondeur à laquelle on trouvera le bed-rock, ainsi que sa nature et sa pente ; données qui ne peuvent résulter que de sondages exacts et suffisamment multipliés. Or, j'ai eu le regret de constater que les sondages, pourtant très nombreux, qui ont été exécutés sur les placers de la Compagnie n'étaient pas tous reportés sur les plans ; ces plans eux-mêmes étaient souvent égarés ou perdus, de sorte qu'il était, dans la plupart des cas, absolument impossible de tirer parti des archives pour se reconnaître sur le terrain, ou réciproquement de trouver sur les plans existants les indications de travaux de sondages, visibles sur les placers. En réalité, on peut dire sans crainte de se tromper que les archives n'ont été tenues, d'une manière correcte et régulière, que jusqu'en 1879.

En tout état de cause, les plans de sondage du deuxième niveau aurifère sont à créer d'une façon complète et c'est là un travail qui présente un tel caractère d'urgence que je n'ai pas hésité à conseiller, avant même que les conclusions de cette étude aient été formulées, l'exécution immédiate pendant le cours de l'hiver 1895-96, de cinq lignes de puits, distantes de 500 mètres les unes des autres et recoupant entièrement la vallée du Moyen Khangarok, depuis le chantier Piatrowsky jusqu'au confluent du Baïan-Zourga, où sera placée la dernière ligne transversale.

Ces travaux devront être exécutés pendant les grands froids de l'hiver, car le terrain est très marécageux et des venues d'eau non gelée y sont toujours à redouter. Aussi a-t-il été prévu une

assez forte somme à valoir, pour l'épuisement et le boisage de ces
puits. Le devis total s'élève, d'après les estimations du directeur
local, à 7.000 roubles.

Nécessité d'une pompe portative pour épuiser les sondages. —
Puisque nous en sommes arrivés à la question des recherches
par puits, en terrains glacés, j'ajouterai que le besoin d'un appareil
portatif d'épuisement mécanique, soit à vapeur, soit à pétrole,
soit électrique, se fait aussi vivement sentir à l'Onon que dans
les autres régions aurifères de la Sibérie Orientale. J'ai rapporté
de ma visite et de mes conférences avec les personnes chargées
de la direction des travaux, les données numériques et les renseignements de toute nature, qui me permettront d'établir en
connaissance de cause, un appareil répondant aux conditions dans
lesquelles il aura à fonctionner.

Commande de la drague. — Une fois les sondages du deuxième
niveau achevés, l'installation proprement dite de l'appareil de
dragage n'est plus qu'une question de commande en temps utile,
de transport et de montage sur place. Il pourrait être mis en
marche dès le début de la campagne 1896-97, car il n'y a aucun
travail préparatoire à faire sur les lieux, autre que la fouille
nécessaire pour faire flotter la drague.

Projet d'opération pour 1895-96.

L'opération de 1895-96 aux placers de l'Onon, serait dans ce
cas une campagne d'attente, exécutée avec les mêmes moyens qui
ont été employés jusqu'ici ; mais il va sans dire que l'état de
choses que j'ai signalé précédemment à propos des entrepreneurs,
appelle une réforme immédiate. Il faut confiner les entrepre-

neurs — ou pour mieux dire, ceux d'entre eux qu'il sera jugé
utile de conserver — sur le relavage des déblais anciens et faire
exploiter en régie, par les agents de la Compagnie, les bons
chantiers qui ont été ouverts cette année par l'entreprise Piatrowsky
sur les matières aurifères du deuxième niveau.

Je ne doute pas qu'on n'obtienne ainsi un meilleur résultat,
non seulement comme quantité d'or produite, mais aussi comme
prix de revient du zolotnik d'or comparé à la situation présente,
tout en sauvegardant l'avenir des travaux.

Projet d'opération pour 1896-97.

L'exploitation par dragage pourrait, dans ces conditions, être
inaugurée dès le début de l'opération 1896-97, sans que cette
substitution ait amené de trouble dans la production des placers
pendant sa préparation. Il va sans dire, cependant, que les frais
de cette installation ne pourront pas être assimilés à ceux qui,
dans la méthode actuelle, étant affectés aux achats et transports
de vivres et aux avances sur main-d'œuvre, doivent être forcément
amortis en cours d'opération, sous peine de se considérer comme
étant en perte.

Amortissement de la drague. — Les frais de premier établissement d'un appareil de dragage doivent être amortis sur un
nombre d'exercices suffisant pour ne pas grever outre mesure les
premières années du travail par cette méthode. C'est d'ailleurs
ce qui a été fait par la Compagnie elle-même, pour le matériel
qui devait avoir une certaine durée, comme les pompes et machines
à vapeur achetées depuis plus de vingt ans — et qui, par paren-
thèse, sont dans un excellent état de conservation. — Ce matériel
a été amorti dans des périodes de cinq à sept années, périodes

rapides, qui indiquent bien avec quel esprit de prudence on conduisait l'affaire à cette époque prospère.

Devis pour l'installation de la drague. — Je ne suis pas en
mesure, en ce moment, de présenter un devis détaillé des frais
qu'entraînera le montage d'une drague à sluice à l'Onon. Les
données indispensables que doivent me fournir les travaux de
reconnaissance du deuxième niveau aurifère, ne me seront connues
qu'au printemps de 1896. Je crois, néanmoins pouvoir affirmer
d'une façon certaine, qu'une drague susceptible d'excaver et de
laver 12 à 15 sagènes cubes par heure, qui me paraît le modèle
le plus convenable pour ce genre de travail, ne coûtera pas plus
de 100.000 roubles-papier, y compris le transport et le montage
sur place, ainsi que les accessoires, ponton pour la recevoir,
câbles, ancres et pièces de rechange.

Une drague de ce calibre excavera, dans les 140 jours que
dure la campagne des travaux miniers sur l'Onon, un cube
total de 16.000 sagènes, c'est-à-dire une quantité notablement
supérieure au total des terrassements opérés en ce moment par
les ouvriers de la Compagnie au cours d'une opération, et ce, en
travaillant seulement pendant les dix heures de jour.

Comme économie à attendre de l'emploi de cet appareil, on
peut tabler sur une diminution de frais de 50 0/0 en comparaison
avec ceux nécessités par l'abatage à la main et le transport par
charrettes (tarataïkas).

Limite probable d'exploitabilité des placers Sibériens au moyen de la drague.

Si on désire se rendre compte directement du prix de revient
minimum auquel on peut espérer arriver pour le dragage et le

lavage d'une sagène cube, je donnerai, mais seulement à titre d'indication et sans garantie de ma
part que ces chiffres ne seront pas
dépassés, les nombres suivants :

Dragage y compris les salaires
du mécanicien, des 5 ouvriers du
ponton et le combustible pour
la chaudière . . . .

Huile, graisse, entretien courant. . . . .

Usure et réparations. . . . .

Totaux. . .

	PAR MÈTRE CUBE ET EN FRANCS.	PAR SAGÈNE CUBE ET EN ROUBLES.
	Fr.	R.
	0.50	1.07
	0.05	0.17^8
	0.04	0.14^2
Totaux	0.59	1.39

disons 0 fr. 40 en chiffres ronds, soit 5 fr. 85 par sagène cube
ou en roubles-papier (en calculant d'après un change moyen
de 270); 1 rouble 40 par sagène cube traitée.

Ce chiffre correspond à une teneur de moins de 4 *dolis d'or aux*
100 *pouds de sables aurifères traités.*

Telle serait la limite d'exploitabilité de la drague appliquée à
la Sibérie orientale. Je fais observer que ce chiffre ne compre-
nant que les frais purement techniques, doit être doublé au
moins pour tenir compte des frais généraux, des intérêts et de
l'amortissement du capital engagé, de sorte que *je ne pense pas*
être au-dessous de la vérité en fixant à 10 *dolis par* 100 *pouds,*
c'est-à-dire à 1 *zolotnik* 24 *dolis par sagène cube, la limite*
d'exploitabilité que l'emploi de la drague permettra d'atteindre.
On voit, sans qu'il soit besoin d'insister, quelles conséquences
aura l'adoption, même imparfaite dans les débuts, d'un procédé
permettant d'envisager de pareilles teneurs.

J'ajouterai, pour exposer complètement mes idées à cet égard, que ce prix de revient minimum ne pourra être atteint que par l'emploi exclusif de moyens mécaniques pour le transport des déblais, depuis la drague jusque sur les berges, de façon à supprimer toute fausse manœuvre dans le maniement des déblais. C'est au moyen d'*élévateurs à couloir ou de couloirs flottants* plutôt que de *transporteurs à ruban* que je verrais la possibilité de résoudre cette dernière partie du problème. Pour m'en tenir à la méthode que je préconise dans les affaires, c'est-à-dire d'opérer non pas par à-coups brusques, mais au contraire par des perfectionnements graduels, je me contente d'indiquer dès à présent la possibilité d'une économie à réaliser de ce chef sur le procédé de dragage tel que je l'ai exposé, mais sans insister pour l'application immédiate de ce dernier perfectionnement.

Conclusions relatives à l'emploi de la drague.

Quoi qu'il en soit, on peut être certain dès à présent, qu'il existe sur les placers de la Compagnie de l'Onon, des quantités considérables de matières aurifères exploitables avec bénéfice, aussi bien dans les alluvions déjà lavées une première fois et assez riches pour être traitées de nouveau avec profit, que dans les matières laissées en place par suite de fausses manœuvres, de difficultés d'exploitation ou pour d'autres causes. Enfin l'existence du deuxième niveau aurifère dans la vallée du Moyen Khangarok vient compléter cet ensemble et me donne l'assurance qu'un appareil de dragage, dans le genre de celui que j'ai esquissé ci-dessus, *aura largement devant lui un cube à traiter suffisant, pour être amorti complètement en dix années, tout en laissant des bénéfices environ doubles de ceux qui sont réalisés par les anciens procédés.*

Je conclus en conséquence à l'installation d'un appareil de

dragage à l'Onon. La commande pourrait être faite dès les premiers mois de 1896, de manière que l'expédition puisse être faite au plus tard en Juin, afin de profiter de la navigation sur l'Amour et d'amener ce matériel à Strétinsk avant le début de l'hiver. De là le transport s'effectuerait pendant l'hiver et le montage se ferait au printemps 1897, de manière à être prêt pour le début de la campagne. Avec du soin et de l'énergie, ce programme est exécutable, mais il faut pour cela qu'une décision intervienne dès le printemps de 1896, dès qu'on connaîtra les résultats des sondages faits pendant l'hiver 1895-96 sur le deuxième niveau du Moyen Khangarok.

II. — FILONS

Opinion favorable à l'exécution des travaux de traçage et de préparation sur les filons. — En ce qui concerne les filons, je considère que la multiplicité des filons aurifères découverts jusqu'à ce jour sur les placers de la Compagnie, les teneurs très satisfaisantes reconnues sur plusieurs d'entre eux, la puissance favorable qu'ils présentent aux affleurements et dans les travaux souterrains exécutés jusqu'à présent, sont de nature à légitimer l'opinion que je me suis formée après ma visite détaillée sur les lieux, qu'il existe à l'Onon une série de filons exploitables avec bénéfice.

Je suis d'avis, en conséquence, que les dépenses nécessaires pour découper les filons déjà connus et en rechercher d'autres, sont tout à fait justifiées aussi.

Néanmoins, j'attire l'attention sur ce fait, qui tient à la nature même des choses, que les travaux de recherche et de préparation dans les filons, offrent plus d'aléa et en tout cas moins de certitude d'un prompt remboursement que les travaux de placers. Il faut donc faire entrer en ligne de compte cet élément nouveau, d'*immobilisation des capitaux* engagés dans la création d'une exploitation de. l'or en filons.

Différence fondamentale entre les exploitations minières et les placers.

Par contre, ces travaux sont de nature à faire naître une industrie plus stable, de plus longue haleine, plus favorable somme toute à l'avenir du pays dans lequel ils sont pratiqués. que l'exploitation toujours plus ou moins temporaire des placers proprement dits. L'aspect seul des lieux en est la preuve : une exploitation de placer n'est qu'un camp où la préoccupation de faire vite, à bon marché et de s'en aller ensuite est visible à chaque pas. Une mine comporte une population ouvrière stable. établie à poste fixe et pour toute l'année, autour de laquelle viennent se grouper des cultures maraîchères, noyau d'un peuplement agricole et durable qui survit et succède à l'industrie minière.

Il y a là, on le voit, une question de principe, qui doit dominer la résolution à prendre et que je n'ai pas qualité pour résoudre à moi seul. Ce que je puis dire, c'est qu'en aucun pays moyennement accessible — et l'Onon peut être classé dans la bonne moyenne de ceux qui appartiennent à cette classe — étant donnée surtout l'ouverture désormais certaine et prochaine du Transsibérien — en aucun pays de ce genre, dis-je, *on ne laisserait sans l'avoir exploré à fond, un groupe de filons présentant, comme c'est le cas de la Compagnie de l'Onon, des teneurs variant de 7 à 11 zolotniks en moyenne, aux 100 pouds, sans parler des teneurs exceptionnelles que j'ai intentionnellement laissées dans l'ombre pour ne pas éveiller d'espérances non justifiées.*

C'est dans cet esprit que j'ai rédigé les instructions suivantes :

PROGRAMME DES TRAVAUX A EXÉCUTER DANS LES FILONS DE BAÏAN-ZOURGA PENDANT L'HIVER 1895-96

I

TRAVAUX DANS LA CONCESSION IÉVGRAFSKY.

Remettre en état la galerie inférieure jusqu'à son extrémité actuelle (environ 60 sagènes). Cette galerie est dirigée Est-Ouest.

A ce point, attaquer une galerie horizontale, perpendiculaire à la première, c'est-à-dire Nord-Sud, à droite et à gauche de la galerie inférieure et pousser ces deux attaques jusqu'à ce qu'on rencontre les parois de schiste qui encaissent le filon d'aplite, dans lequel se trouvent les travaux de la galerie inférieure.

On aura de la sorte un *travers-banc* recoupant au niveau inférieur l'*épaisseur totale de l'aplite*. J'estime qu'il aura 30 à 35 sagènes de longueur. Selon mes prévisions, la branche gauche de cette sorte de croix aura seulement quelques sagènes et la branche droite, 30 sagènes.

Tenir exactement le livre journalier d'avancement dans ce travers-banc, avec indication précise de tous les filons et filets de quartz rencontrés, avec leur épaisseur, leur direction et leur pendage. C'est là un point très important et sur lequel j'insiste tout particulièrement.

Mettre aussi à part le quartz provenant de ces diverses veines, *sans les mélanger* et en faire aussi l'analyse à part, afin de se rendre compte, en comparant les résultats trouvés pour les teneurs, avec le tableau donnant les directions et inclinaisons, s'il n'y a pas, comme cela se présente fréquemment dans les gîtes en stockwerk, une ou plusieurs *directions de prédilection*, pour les enrichissements aurifères.

En attendant l'arrivée de l'appareil d'essai du quartz aurifère, qui doit être expédié le plus tôt possible à l'Onon, continuer à faire les analyses par le procédé suivi jusqu'ici, à savoir : broyage et lévigation à la batée. Les quartz qui auraient donné des teneurs exceptionnelles seront échantillonnés et une prise d'essai sera envoyée à M. Zazoubrine à Irkoutsk, pour qu'il la fasse contrôler par une analyse officielle.

Dans le filon le plus riche et le plus puissant qui aura été rencontré par le travers-banc, on exécutera tout d'abord une cheminée de 2 arch. $\times$ 2 arch. soigneusement boisée, pour venir aboutir au jour et donner de l'air au chantier.

Ce travail une fois fait, on continuera dans le même filon, une galerie horizontale en direction, jusqu'à ce qu'on arrive au-dessous de la première descenderie faite dans la galerie supérieure. J'estime qu'il doit y avoir environ 70 sagènes à franchir. Si l'air manquait au front de taille on pourrait l'aérer facilement au moyen d'une simple conduite en planches, aboutissant à la cheminée, qui fera assez de tirage pour forcer l'air à venir au bout de la galerie.

Ce projet suppose que le travers-banc aura rencontré une ou plusieurs veines de quartz sur son parcours. S'il n'en était pas ainsi, on exécuterait les travaux que je viens de prescrire, c'est-à-dire, en suivant leur ordre d'exécution : cheminée allant au jour, et galerie en direction jusqu'au droit de la descenderie n° 1, on exécuterait, dis-je, ces deux travaux, dans le filon qui a été suivi par la galerie inférieure.

Ce travail une fois fait, on prendra une cheminée au droit de la descenderie n° 1, pour venir percer à l'extrémité inférieure de ce travail et assurer ainsi l'aérage, en même temps qu'on se trouvera avoir du même coup découpé, si les circonstances sont favorables, un premier cube de minerai aurifère, compris entre les galeries inférieure et supérieure.

Je pense que ce premier travail sera suffisant pour remplir la saison d'hiver 1895-96. Au cas où il faudrait continuer, avant mon retour sur les lieux, on pourrait sans inconvénient pousser l'avancement dans le filon, dans la galerie inférieure, au delà de la cheminée faisant communiquer les deux étages.

Je rappelle que dans tous les travaux, tant cheminées que galeries qui seront faites, il faut :

1° Tenir exactement à jour le plan des travaux ;

2° Y noter tous les filons et filets de quartz, même les plus minimes, avec indication de leur puissance, de leur direction et de leur inclinaison ;

3° Analyser fréquemment les minerais de quartz provenant des veines rencontrées et les essayer séparément.

On ne peut en effet se faire une idée exacte des teneurs moyennes probables du gîte, *qu'après un nombre considérable d'analyses*. J'insiste tout particulièrement sur ce point parce que la tendance constante et involontaire des agents locaux est d'*analyser uniquement les échantillons riches*. C'est une erreur qui peut avoir de très graves conséquences. On ne peut la combattre efficacement qu'en exécutant avec patience *un très grand nombre d'essais* portant sur les diverses parties du filon, sur les salbandes, sur l'aplite elle-même, qui peut parfaitement être notablement aurifère en certains points.

Les travaux ci-dessus prescrits seront conduits d'une manière continue, de jour et de nuit, avec trois postes de huit heures. Deux mineurs et un rouleur suffiront pour chacun des postes.

Le travail une fois terminé aura l'aspect du dessin indiqué en pointillé à la planche VI, page 72.

II

TRAVAUX DANS LA CONCESSION « SUPPLÉMENT A SÉRAFIMOVSKY ».

Le travail à exécuter sur cette concession, consistera en une galerie en direction sur le filon parallèle reconnu par des tranchées, en partant du piquet planté par MM. Sabachnikoff et Levat, le 3 septembre 1895. La plate-forme d'entrée sera établie au niveau de sommet dudit piquet.

La galerie suivra la direction du filon, soit, probablement, Nord -75° Ouest. Elle devra être horizontale avec une légère pente pour assurer l'écoulement des eaux, sans dépasser 1 millim. 1/2 par mètre (1,50 pour 100).

Elle sera conduite ainsi jusqu'à 50 sagènes de son entrée. A ce point, on fera une cheminée perpendiculaire à la galerie, et *dans le plan du filon*, de manière à aller sortir au jour, ce qui donnera de l'air au front de taille et permettra en même temps de reconnaître l'allure et la teneur du gîte entre le niveau de la galerie et la surface du sol.

Cette cheminée sera boisée soigneusement et aura une section de 2 arch. $\times$ 2 arch.

Cet aérage une fois établi, on reprendra l'avancement en direction jusqu'à l'époque de ma prochaine visite sur les lieux.

Les minerais retirés de la galerie seront fréquemment analysés comme je l'ai expliqué plus haut. Il faudra faire bien attention de ne pas s'égarer dans les salbandes schisteuses dont le filon est rempli, et la direction à donner au travail sera certainement plus difficile ici que dans les travaux du paragraphe précédent.

On est exposé notamment à rencontrer des *failles* ou glisse-ments du filon, accident très fréquent dans les schistes feuilletés. Se rappeler que la règle pratique, quand on tombe dans un défaut de ce genre, est de suivre, avec la galerie, *l'angle obtus que la direction de la faille fait avec celle de la galerie.*

Devis des frais d'exécution des travaux.

J'estime à 150 roubles par sagène cube, le coût de l'abatage et de l'extraction en galeries.

La longueur totale de ces dernières est de :

Pour les travaux de Iévgrafsky. . . . . 150 sagènes.
    —   « Supplément à Sérafimovsky ».   80   —

Ensemble. . . . 230   —

qui représentent une dépense de :

$$230 \times 150 = 34.500 \text{ roubles}$$

à laquelle il faut ajouter pour les travaux dans Iévgrafsky :

Les frais de remise en état de la galerie inférieure, qui sera probablement éboulée sur les 15 à 20 premières sagènes : 5.000 R.

La création d'un chemin d'accès à la nouvelle galerie de « Sup-plément à Sérafimovsky », la construction de baraquements pour les mineurs et imprévu : 10.000 R. Dépense totale pour l'exer-cice 1896 : 50.000 roubles.

Il faudra dépenser en 1897 une somme égale pour faire 300 à 350 sagènes de galeries de traçage, de manière à assurer un cube d'au moins 15.000 mètres cubes que je considère comme un minimum nécessaire avant d'installer le moulin. Dans cette deuxième campagne préparatoire, il sera fait 100 sagènes de galeries sur le filon Kvartzévy dont la concession aura été obtenue dans l'intervalle.

Le devis total s'élève donc à 100.000 roubles.

Report sur les mines des excédents de bénéfices des placers. — Une combinaison qui me paraîtrait devoir allier d'une manière avantageuse les diverses considérations que je viens de présenter, serait, si les conclusions de ce Rapport étaient adoptées, de décider que les augmentations de bénéfices donnés par l'exploitation à la drague des placers de la Société, par rapport au bénéfice moyen annuel actuellement réalisé par la Compagnie de l'Onon, seraient employées à l'exécution des travaux souterrains de Baïan-Zourga, ce qui viendrait diminuer d'autant la somme à immobiliser dans ces travaux. Ce serait, en un mot, un moyen *d'affecter aux travaux d'avenir des mines proprement dites, les excédents de recettes provenant de l'amélioration des procédés d'exploitation des placers.*

On arriverait de cette manière à utiliser pour le plus grand bien d'une région entière, qui souffre de l'état actuel de marasme des mines de la Compagnie de l'Onon, des ressources provenant de la réalisation d'une richesse temporaire, comme celle des placers, pour créer une industrie stable, autour de laquelle viendrait se grouper une population stable aussi et prospère.

Exécution graduelle de ce programme. — Ce programme est évidemment plus lent, moins brillant, qu'un projet qui mettrait en œuvre à la fois tous les éléments de prospérité que possède la Compagnie de l'Onon. Je considère toutefois que, c'est par le développement graduel d'une affaire, au moyen d'une partie des bénéfices réalisés, qu'il peut être créé une organisation minière réellement durable en Sibérie Orientale. Je me rends parfaitement compte que c'est là une innovation profonde, dans la conception des affaires aurifères de cette contrée ; mais les temps sont passés où l'exploitation des placers, vraie bataille avec les éléments et le climat, constituait une loterie dont les gains, une fois empochés, n'étaient pas rendus, même partiellement, à l'industrie qui les avait procurés.

Capital total prévu pour l'exécution des travaux.

Dans ces conditions, le capital total pouvant être immobilisé sur les mines de l'Onon peut se résumer comme suit :

I. — COMPTE DE PREMIER ÉTABLISSEMENT DE LA DRAGUE.

I. Installation d'un appareil de dragage dans la vallée du Cerednié-Khangarok, comportant la création d'un centre au confluent du Baïan-Zourga, y compris le ponton et les chalands, R. 100.000.

Cette somme serait dépensée au cours des exercices 1896 et 1897. Elle comprend tous les frais sans exception de l'installation nouvelle et notamment les frais de sondage des placers de la vallée du Moyen Khangarok et l'achat d'une pompe d'épuisement pour l'exécution des recherches en terrain noyé.

Amortissement de ce compte. — Le montant du compte ouvert sous cette rubrique, serait amorti par dixième, sur les bénéfices annuels de la Société.

II. — Compte de premier établissement des travaux miniers.

Travaux de recherches et travaux préparatoires dans les filons, R. 100.000.

Je propose de diviser cette somme en deux parties égales, à dépenser dans les deux exercices 1896 et 1897. On diminue ainsi le risque de moitié, en ce sens que si le résultat de la première dépense était nul, ou négatif, au point de vue de la richesse des filons, on arrêterait les travaux à temps pour ne pas engager la dépense de la deuxième moitié de la somme prévue.

Cette somme comporte, en premier lieu, l'exécution du programme que j'ai donné page 113. Elle comprend aussi l'achat et le transport à la mine d'un appareil d'essai des quartz.

Amortissement de ce compte. — Le débit du compte « Recherches et Travaux préparatoires dans les mines » serait diminué, en fin d'exercice, d'une somme à déterminer, prélevée sur les bénéfices de l'exploitation des placers.

Construction du moulin à or, renvoyée à plus tard. — On remarquera que je n'ai pas prévu, dans ce devis, les frais d'installation du moulin à or proprement dit. Pour les raisons que j'ai exposées en détail page 84, il n'y a pas à s'en occuper actuellement. Un moulin n'aura sa raison d'être, que lorsque les travaux auront non seulement prouvé la richesse des gîtes, mais encore découpé un cube suffisant pour assurer pendant deux années la marche de l'usine. Il faut compter, dans les circonstances les plus favorables, une période préparatoire de deux années pour que ce résultat soit atteint, ce qui remettrait la construction du moulin à l'année 1898.

On aura à ce moment reconnu et créé une valeur réelle, sous forme de minerai exploitable et visible; la construction d'un moulin deviendra alors une opération exempte de tout aléa. Entre temps, grâce à l'appareil d'essai dont j'ai parlé, on aura eu toute facilité pour étudier la manière dont le minerai se comporte à l'amalgamation, quelle est la nature des pyrites aurifères que le gîte contient déjà et contiendra de plus en plus au fur et à mesure que les travaux s'avanceront vers l'intérieur; toutes ces questions sont d'une importance capitale et doivent être résolues avant de se lancer dans l'installation d'une grande usine de broyage de quartz.

Cette manière de procéder fera certainement perdre un certain temps et donnera des résultats moins rapides, quoique peut-être plus brillants, que ceux qu'on pourrait espérer en risquant dès à présent la totalité des frais de l'installation complète à Baïan-Zourga. Mais à l'Onon plus qu'à tout autre endroit, les leçons du passé ne doivent pas rester vaines et je n'ai pas besoin de dire que c'est la solution plus lente, mais prudente et sûre, du développement graduel au fur et à mesure que les circonstances le permettent, qui a ma préférence et que seule je puis recommander ici.

Extension à donner au domaine de la Société.

Je dois, avant de terminer, donner quelques indications sur la politique à suivre par la Compagnie, dans l'intérêt de son avenir, au point de vue des concessions nouvelles à prendre par elle.

Il y a deux cas à distinguer, suivant qu'on a en vue les placers ou les filons.

I. *Concessions sur les filons.* — Les concessions à prendre sur les filons sont faciles à déterminer; l'étude d'après laquelle j'ai fait connaître la position et la direction des filons aurifères dépendant du filon d'aplite, les désigne clairement. C'est sur cette direction que la Compagnie doit étendre ses concessions, de manière à réunir non seulement par des propriétés continues les deux vallées du Moyen Khangarok et du Baïan-Zourga, mais encore se prolonger sur la rive droite de cet affluent jusqu'à la descente dans la vallée de la Byrtza. Je suis d'ailleurs heureux de constater que cette mainmise sur le terrain utile, est déjà un fait accompli grâce aux demandes récentes de concessions faites par la Compagnie. La plus importante de toutes, la concession Kvartzévy, a dû être rectifiée pendant notre séjour sur les mines, la demande n'ayant pas été faite dans des formes régulières; nous en avons profité pour rectifier les limites de cette concession, de manière à englober d'une façon complète le gisement de quartz aurifère qui y a été découvert. On est donc bien préservé de toute intrusion du côté Ouest; il n'y aurait qu'à compléter l'ensemble en prenant à l'Ouest de la concession Margaritinsky, une bande descendant jusqu'à la Byrtza et couvrant les filons parallèles situés au mur de l'aplite.

Concessions appartenant à des tiers. — Du côté de l'Est, les concessions de la Compagnie sont séparées par trois terrains miniers appartenant à des tiers, à savoir :

La concession Appolonovsky appartenant à la Compagnie Belogolowy.

»	Kroutoï	»	MM. Sérébriakof.
»	Varvarinsky	»	Cie Belogolowy.

Il y a en outre diverses autres concessions de moindre importance appartenant à d'autres intéressés. Elles sont toutes inexploitées.

Situation de la Compagnie vis-à-vis des tiers. — La Compagnie de l'Onon détient les placers situés dans les thalwegs; elle est donc propriétaire de l'eau et cela est si vrai que la Compagnie Belogolowyne peut traiter actuellement ses mineraisqu'en venant, après entente préalable, les laver dans une machine placée sur le placer Blagoviestschensk. Pour la même raison, le placer Appolonovsky, qui contient de bons sables aurifères, reste inexploité.

Quant aux autres concessions, elles appartiennent à des personnes qui n'exploitent pas et qui sont dans l'impossibilité d'exploiter les filons, les points d'attaque pour des galeries de niveau étant situés hors de leurs limites, sur le terrain appartenant à la Compagnie de l'Onon.

C'est en envisageant surtout cet ordre d'idées que j'ai donné, pendant mon séjour sur les mines, un avis favorable à l'achat, effectué par M. Th. Sabachnikoff personnellement, du petit placer Fedorovsky qui forme coin entre les deux concessions Varvarinsky. et Appolonovsky et dans lequel il reste encore une quantité de sables aurifères suffisante, pour rembourser, et au delà, le modeste prix d'achat.

Enfin à l'extrême Est, le filon d'aplite pénètre dans les concessions achetées par la Compagnie Belogolowy et il ne reste malheureusement plus de place à prendre sur son parcours.

Telle est la situation en ce qui concerne les filons.

II. *Concessions pour placers.* — Pour les placers, la question est encore entière. En principe, une grande Compagnie d'exploitation de placers aurifères doit être constamment en éveil sur les gîtes nouveaux qu'elle peut se procurer et qui lui sont indispensables pour assurer son avenir. L'exploitation des sables aurifères dans un ou plusieurs placers déterminés, est une industrie qui par son essence même est plus ou moins temporaire, mais toujours d'une durée limitée. Elle ne peut garantir son avenir qu'en s'assurant à l'avance de placers nouveaux pour remplacer ceux qui s'épuisent.

Aussi voit-on les grandes Compagnies du bassin de l'Amour, consacrer chaque année des sommes considérables à ces recherches, et il convient de reconnaître que bien souvent elles ne sont pas couronnées de succès. Le mode même de leur exécution entraîne forcément des gaspillages, parfois même, le cas s'est souvent présenté, des placers découverts aux frais et risques des Compagnies sont déclarés frauduleusement par des tiers. La surveillance sur ces chantiers, perdus dans la « taïga », est tout à fait impossible et il faut forcément s'en remettre à la probité des agents désignés pour la conduite de ces travaux.

A l'Onon, les conditions sont plus faciles, le climat moins rigoureux, les communications plus aisées que dans la « taïga » Amourienne, et il y a certainement encore beaucoup de placers avantageux à mettre en exploitation dans le district : En Transbaïkalie, pas plus que dans les Provinces Amouriennes, l'ère des placers est loin d'être close. C'est une erreur de comparer la position actuelle de ces contrées à celle de la Californie en 1865, époque à laquelle la plupart des grands placers étant épuisés, on a dû commencer à s'occuper des filons. Il y a des différences essentielles entre les deux pays : d'abord les régions aurifères de la Sibérie sont infiniment plus vastes que celles de la Californie, la population y est très clairsemée, les recherches rendues difficiles par le climat et le manque absolu des moyens d'existence; enfin et surtout, le système d'exploitation suivi jusqu'ici, aussi bien que l'organisation même des affaires aurifères en Sibérie, ont exigé jusqu'à présent qu'on se borne au traitement des alluvions à haute teneur.

On entre maintenant dans une phase où les placers riches —

je désigne ainsi ceux qui ont des teneurs moyennes supérieures
à 1 zolotnik aux 100 pouds — situés dans des régions relativement
abordables, deviennent rares. Je fais cependant une exception pour
le bassin de l'Amgoun, qui s'ouvre à peine depuis trois ou quatre
ans et qui paraît appelé à un grand avenir, d'après les premières
découvertes faites. Les recherches dans cette vallée se poursuivent
avec activité depuis quelques années, mais elles sont entravées
par les difficultés exceptionnelles que les chercheurs rencontrent
pour l'épuisement des sondages. C'est ainsi qu'un riche placer
qui vient d'être récemment vendu à un prix élevé, avait été
infructueusement sondé à plusieurs reprises par des équipes
envoyées par diverses Compagnies aurifères avant que le succès
ait enfin couronné les persévérants efforts du dernier investi-
gateur pour vaincre les fortes venues d'eau qui avaient arrêté les
explorations antérieures.

Recherche des placers à faible teneur.

Mais par contre il existe une quantité considérable de placers
reconnus, contenant des cubes très importants de sables aurifères, dont la teneur varie entre 30 et 50 dolis et qui sont considérés comme inexploitables, même en Transbaïkalie, *a fortiori*
dans l'Amour. C'est sur ces placers qu'il convient maintenant de
jeter les yeux. Ils laisseront de magnifiques bénéfices en les exploitant à la drague, et le choix de ceux qui se prêteront le mieux, par
leur étendue et par leurs épaisseurs de couche aurifère, à ce
genre de travail, est encore facile à faire.

La Compagnie de l'Onon ne peut pas, sous peine de se voir
devancer par des exploitants venus après elle dans le pays,
manquer à cette obligation d'avenir. Le moment est favorable et
unique, car dès qu'elle aura installé, au vu et au su de tout le

monde, un premier appareil permettant de traiter économiquement des alluvions pauvres, il sera trop tard pour s'en assurer la
propriété à bas prix.

Je rappelle que toute organisation sérieuse d'un service de
recherches comporte l'achat d'une pompe portative d'épuisement pouvant tenir tête aux venues d'eau relativement chaude
qui viennent, même au cœur de l'hiver, envahir les recherches
faites dans le sol gelé et obligent à abandonner le puits en
fonçage. Ces circulations souterraines d'eaux tièdes obéissent
à des lois encore mal définies et sont la principale cause d'insuccès des sondages.

CONCLUSIONS DU RAPPORT

Placers.

Les placers de la Compagnie de l'Onon sont encore loin d'être
épuisés, malgré les quantités considérables d'or qu'ils ont déjà
fournies.

Il existe, en outre des sables déjà lavés une fois et dont le
relavage donnera 61 pouds d'or, des parties non exploitées
encore dans le niveau aurifère connu jusqu'à ce jour.

Un deuxième niveau aurifère s'étend sous le premier, dans
la vallée du Moyen Khangarok (placer Blagoviestschensk et placer
Vassiliévsky).

L'ensemble de ces matières restant à traiter, présente un cube suffisant pour motiver l'installation d'un appareil de dragage qui réalisera, sur les procédés actuels d'exploitation, une économie d'environ 50 pour 100.

Les frais d'installation de cette drague, avec ses accessoires, ne dépasseront pas 100.000 roubles papier.

Le premier travail à exécuter est une série de sondages méthodiques atteignant le deuxième niveau aurifère, afin de déterminer exactement le cube exploitable et la teneur moyenne de ce cube.

En attendant l'exécution de ce programme, l'exercice 1895-1896, qui constituera une opération de transition, devra prendre pour base l'exploitation par les moyens ordinaires, du deuxième niveau par la Société et le confinement des entrepreneurs qu'on désire garder, sur le lavage des anciens déblais.

Les recherches destinées à assurer l'avenir des placers de la Compagnie, devront faire chaque année l'objet d'un crédit spécial, arrêté par l'Administration centrale. Elles ne devront pas négliger les placers considérés antérieurement comme trop pauvres, mais exploitables avec bénéfice par les moyens mécaniques nouveaux, qui seront mis en œuvre à l'Onon.

Elles exigeront l'achat d'une pompe portative d'épuisement.

Filons.

Les filons de la Compagnie de l'Onon n'ont été jusqu'ici l'objet que de travaux trop peu développés pour qu'on puisse émettre un jugement définitif sur leur valeur, appuyé sur des cubages d'une certaine importance. Les teneurs trouvées aux différents points d'attaque sont très favorables; je les estime en moyenne à 10 zolotniks aux 100 pouds. Je considère en consé-

quence comme pleinement justifié, le programme des travaux
de recherches et des travaux préparatoires que j'ai établi et
dont le devis s'élève à 100.000 roubles papier.

Cette somme est à dépenser en deux exercices, à raison de
50.000 roubles pour chacun d'eux. En cas d'insuccès des travaux pendant la première année, la deuxième portion du crédit
pourrait être annulée.

L'insuccès de la première tentative de traitement du quartz
aurifère par la Compagnie de l'Onon ne tient pas à la teneur
trop faible du minerai. Il est entièrement dû à la mauvaise
disposition de l'usine et à l'absence de travaux préparatoires
et de chantiers d'abatage dans la mine, ce qui ne permettait
pas d'alimenter régulièrement les pilons.

La construction d'un nouveau moulin ne s'impose nullement
à présent. Elle ne devra être décidée que lorsque les travaux
préparatoires auront permis de reconnaître un cube de minerai
exploitable suffisant pour assurer la marche d'un moulin de
20 pilons pendant deux années. Cette période de travaux préparatoires durera, dans les circonstances les plus favorables,
au moins deux années.

En attendant ce résultat, il doit être installé dès 1896 un
appareil pour l'essai du quartz aurifère, de manière à pouvoir
analyser, d'une manière sérieuse, les quartz aurifères donnés
par les avancements dans les diverses galeries. On étudiera du
même coup la manière dont ces minerais se comportent à
l'amalgamation et par conséquent le meilleur mode de traitement à leur appliquer.

Le prix d'achat de cet appareil d'essai est compris dans le
crédit prévu pour les filons.

Personnel.

L'exécution de cet ensemble de mesures exigera un personnel, je ne dirai pas plus nombreux que celui actuellement en fonction, mais plus compétent. Ce personnel est animé du meilleur esprit, je me plais à lui rendre cet hommage, mais il n'est nullement qualifié pour l'exécution d'un programme comportant des travaux autres que ceux auxquels il a été habitué, de longue main, sur les placers exploités par les anciennes méthodes.

En tout cas, les points sur lesquels il est urgent de porter remède, sont : la reconstitution des archives, la tenue à jour des plans de sondage des divers placers et la reconnaissance des poteaux-limite des placers, qui sont mal définis et mal connus par le personnel.

Direction générale.

J'insiste particulièrement, en terminant cette étude, sur la *nécessité* d'une *surveillance effective et fréquente* de la part de l'Administration centrale sur ses exploitations. L'absentéisme des propriétaires est, sur les placers de la Sibérie Orientale, la cause principale des difficultés et de la lenteur des améliorations, ainsi que des abus qui s'y produisent. C'est sur ce point que pèchent la majorité des affaires sibériennes.

L'ouverture du Chemin de fer transsibérien, qui va modifier profondément la situation du pays, changera certainement aussi cet état de choses ; mais en affaires de mines et de placers aurifères, il ne faut pas, si on veut arriver en temps utile, se laisser devancer par les événements, surtout lorsque leurs conséquences sont faciles à prévoir, comme c'est le cas dans l'espèce.

La Société de l'Onon se doit à elle-même, à son ancienneté, à la réputation qu'elle s'est créée et dont elle jouit dans un pays qu'elle fait vivre depuis vingt-sept ans, au respect unanime qui entoure la mémoire de son fondateur, de se mettre à la tête du mouvement et de ne se laisser distancer par personne dans la voie nouvelle où son intérêt bien entendu, aussi bien que celui du pays, l'obligent à s'engager.

II

ÉTUDE

SUR LES

EXPLOITATIONS DE LA COMPAGNIE DAOURSKAÏA

ÉTUDE

SUR LES

EXPLOITATIONS DE LA COMPAGNIE DAOURSKAÏA

Situation.

Cette Société exploite dans la vallée du Gazimour (Arrondissement de Nertchinskiy Zavod), deux placers dont elle est locataire, moyennant une redevance proportionnelle au poids d'or retiré par ses soins; et ce, pour une période illimitée. Ce genre de contrat est très usité en Sibérie. Cette redevance est de 1000 roubles or par poud extrait pour l'un et 1200 roubles papier, pour l'autre des deux placers.

Tableau de l'opération 1894-1895.

On trouvera en tête de la page suivante, l'état de l'opération 1894-1895 au 15 septembre 1895, date de ma visite. Elle est inférieure à la moyenne, à cause des pluies exceptionnelles du printemps qui ont empêché les décaplages (c'est-à-dire l'enlèvement des terrains stériles qui recouvrent la couche aurifère), nécessaires pour atteindre la production moyenne qui a été, depuis les débuts de la Compagnie, de 11 à 12 pouds d'or par opération.

9.

NOM DES PLACERS	PERSONNEL TOTAL DES TRAVAUX				PRODUCTION TOTALE D'OR											
	PERSONNEL DE LA COMPAGNIE			ENTRE-PRENEURS ET LEURS OUVRIERS	SUR LES CHANTIERS DE LA COMPAGNIE				SUR LES CHANTIERS DES ENTREPRENEURS				TOTAL GÉNÉRAL			
	Employés	Cosaques	Ouvriers		P.	L.	Z.	D.	P.	L.	Z.	D.	P.	L.	Z.	D.
Malamalsky.. . .	12	6	161	64	5	55	58	42	1	8	8	30	7	3	66	72
Jossifoff (Ildikan)	5	5	50	36	1	21	37	55	»	24	55	71	2	5	91	30
Totaux. . .	17	9	211	100	7	17	»	1	1	52	62	5	9	9	62	6

Voici le résumé de mes observations pendant la durée de
mon séjour sur ces placers, en septembre 1895.

Placer MALAMALSKY.

Ce placer est situé sur la rivière Bystra, affluent gauche de
la Taïna, qui se jette elle-même dans le Gazimour, rivière dont
les eaux vont s'unir à celles de l'Argoun.

Longueur de ce placer : 5 verstes.

Direction générale de la vallée : Nord-20 degrés Ouest.

Il a été travaillé dans ses parties hautes par le Cabinet de
S. M., auquel il appartenait avant d'avoir été gracieusement
octroyé à M. le Comte Schouvaloff. La partie centrale a été
exploitée, d'une manière assez imparfaite, par ce dernier.
Enfin la Compagnie actuelle, dirigée par M. le Général Alphonse
Schaniavski, avec la haute compétence et l'autorité qui le distin-
guent, a repris les parties laissées par les travaux antérieurs
et continue l'abatage des parties encore vierges, qui restent à
exploiter en aval.

Je donne un croquis d'ensemble de ce placer, relevé sur les

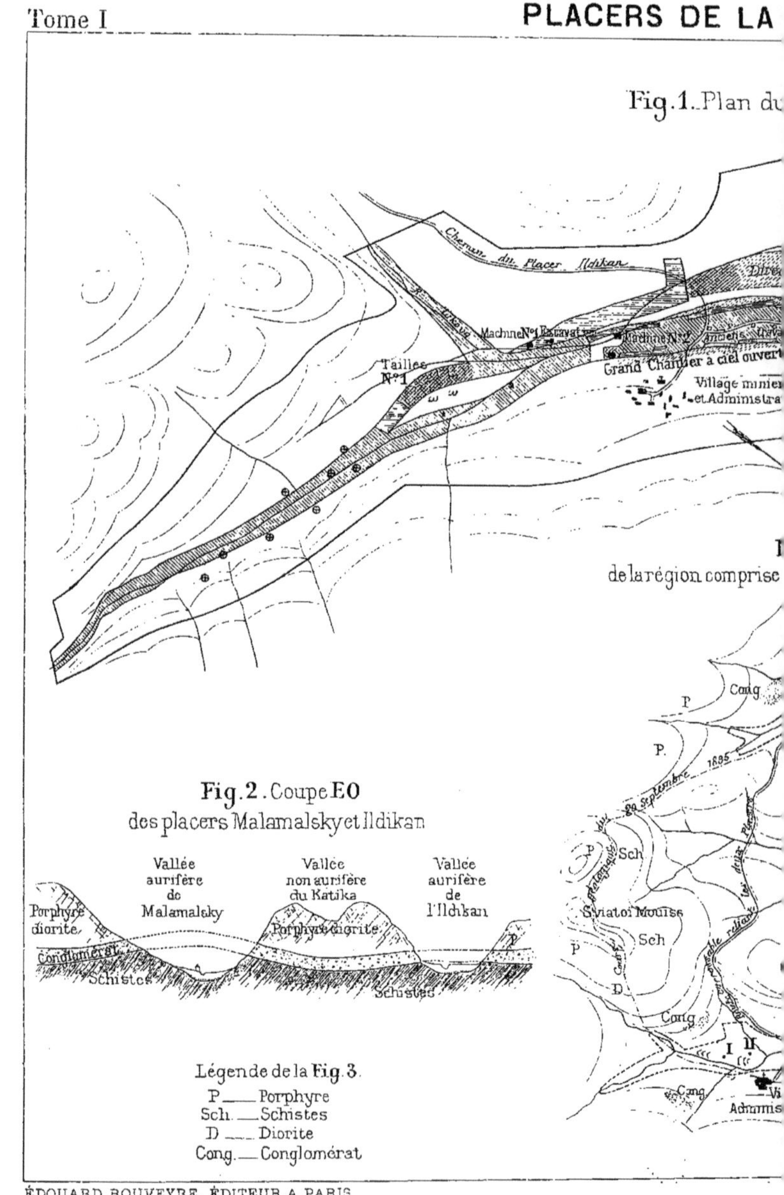

Fig.1. Plan du
Chemin du Placer Ildikan
Machine N°1 Excavat
Machine N°2 anciens trav
Grand Chantier à ciel ouvert
Village minier
et Administra
Taillee N°1
de la région comprise
Cong
P
P
1895
29 Septembre
Sch
P
Sch
Sviatoï Mouïss
P
Cong
D
Cong
I II
Cong
Vi
Administ
Fig.2. Coupe EO
des placers Malamalsky et Ildikan
Vallée aurifère de Malamalsky
Vallée non aurifère du Katika
Vallée aurifère de l'Ildikan
Porphyre diorite
Porphyre diorite
Conglomérat
Schistes
Schistes
Légende de la Fig.3.
P ___ Porphyre
Sch ___ Schistes
D ___ Diorite
Cong.___ Conglomérat

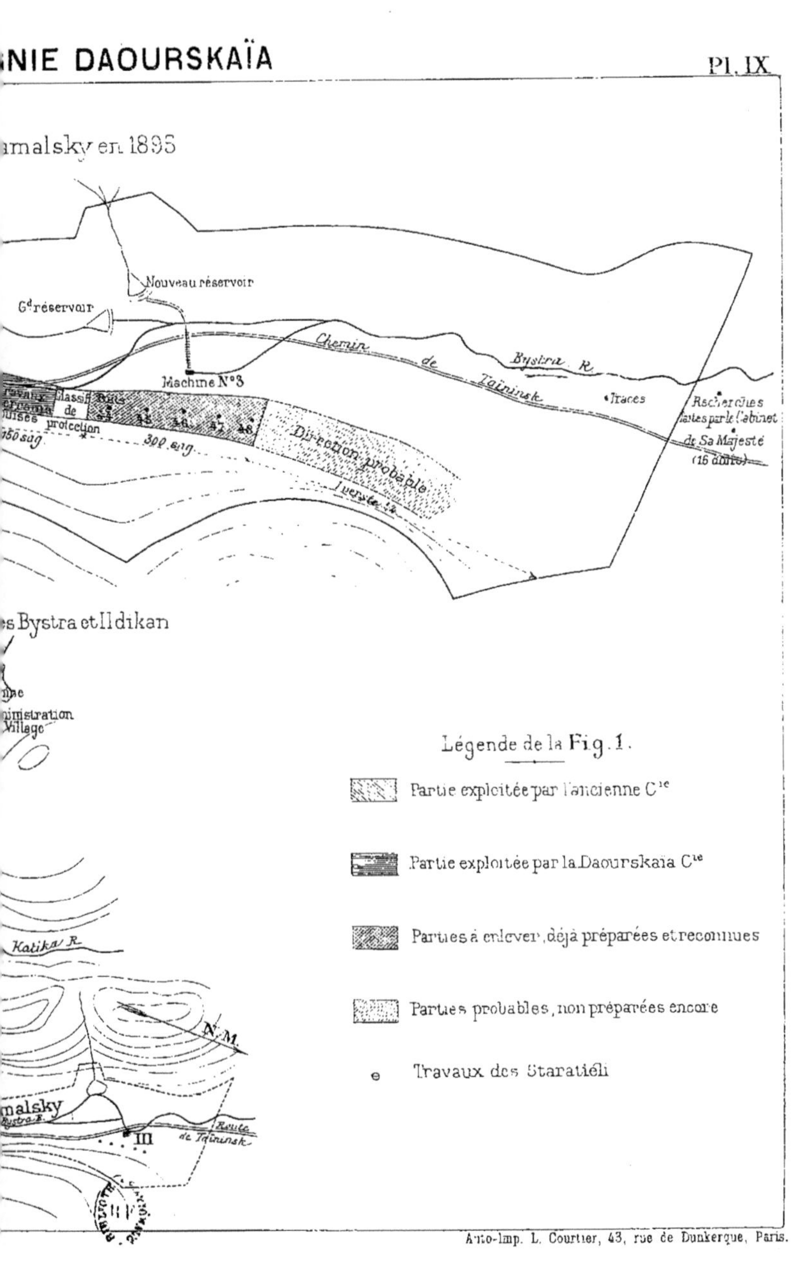

Légende de la **Fig. 1.**

Partie exploitée par l'ancienne Cⁱᵉ

Partie exploitée par la Daourskaïa Cⁱᵉ

Parties à enlever, déjà préparées et reconnues

Parties probables, non préparées encore

⊖ Travaux des Staratiéli

plans de la Compagnie, qui sont tenus à jour et dans un ordre parfait. (Voir Pl. IX, page précédente.)

Ce placer est intéressant à plusieurs points de vue. Les travaux à ciel ouvert sont conduits avec méthode. On emploie pour l'abatage des déblais à laver une deuxième fois, un excavateur à vapeur qui, sans rendre des services aussi complets qu'on le pourrait désirer, fournit une base d'appréciation qui m'a été fort utile. Enfin on exploite toute la partie basse du placer par travaux souterrains, dans une alluvion complètement gelée.

On a d'ailleurs à lutter avec le gel profond, même dans les travaux à ciel ouvert. On voit donc que cette exploitation présente une grande variété de travaux, ayant chacun leurs difficultés spéciales. Je vais les passer successivement en revue.

Lavoirs et travaux à ciel ouvert.

Il existe deux groupes de travaux à ciel ouvert : celui d'amont, le moins important, envoie ses alluvions au lavoir n° I, l'autre au n° II, situé en aval du précédent.

Lavoir n° I. — Le lavoir n° 1 est une « tchachka » sibérienne de 4 mètres de diamètre. Elle traite, en outre des alluvions venant des tailles n° 1, des déblais de relavage qui lui sont envoyés de l'excavateur. Ce lavoir est beaucoup trop petit pour le travail qu'il aurait à faire si on voulait y traiter la production que l'excavateur pourrait fournir. La cuve est déjà surchargée et, quoique les matières passées soient peu argileuses, elles séjournent trop peu de temps sous les sabots mobiles et on trouve dans les stériles qui s'échappent par le versoir continu à trappe, beaucoup de pelotes d'alluvion non désagrégée. Il y a de ce chef un déchet assez important. Un trommel remplacerait avantageusement cette

« tchachka », tant comme perfection plus grande du travail que comme quantité passée par jour.

Ce lavoir est mû par une roue hydraulique. L'eau est abondante sur le placer et aménagée d'une façon tout à fait remarquable, grâce à un système de canaux en bois (flumes), construits avec art et entretenus avec beaucoup de soin.

Le lavoir n° 1 pourrait économiser deux râbleurs placés sur le petit sluice B (Voir ci-contre, Pl. X, fig. 3) nécessités par le défaut de pente de ce dernier. Il manque aussi une installation pour retenir l'or fin des tailings, mais cette lacune est commune à tous les lavoirs de type sibérien.

Cet appareil lave 17 sagènes cubes par jour. L'excavateur pourrait, à lui seul, en fournir 90 à 100.

Lavoir n° II. — Il est situé à 350 mètres en aval du précédent. Il lave des alluvions un peu plus argileuses provenant d'un grand chantier à ciel ouvert, situé à proximité et qui est décrit ci-dessous. Les matières sont débourbées dans un grand trommel en tôle, percée de trous de 12 millimètres, de 1 m. 80 de diamètre et de 4 m. 50 de longueur. Les rejets contiennent encore des pelotes argileuses non délayées, mais moins qu'au lavoir n° I, bien que la nature de l'alluvion soit moins favorable au débourbage.

Ce lavoir passe 22 sagènes par jour.

Le sluice sur lequel l'or est retenu, est un peu différent de ceux généralement employés; la Pl. X (fig. 1, 2 et 3) en donne le détail. Sa longueur totale est de 11 mètres. Il est bon de remarquer que le petit sluice de tête, distribuant la lavée dans le trommel, a une bonne pente et n'exige pas, comme au lavoir n° I d'hommes spéciaux pour son râblage. On garnit le fond de ce sluice de tête, avec des tôles percées ou des casiers en fonte, selon la nature de l'alluvion.

Fig. 1

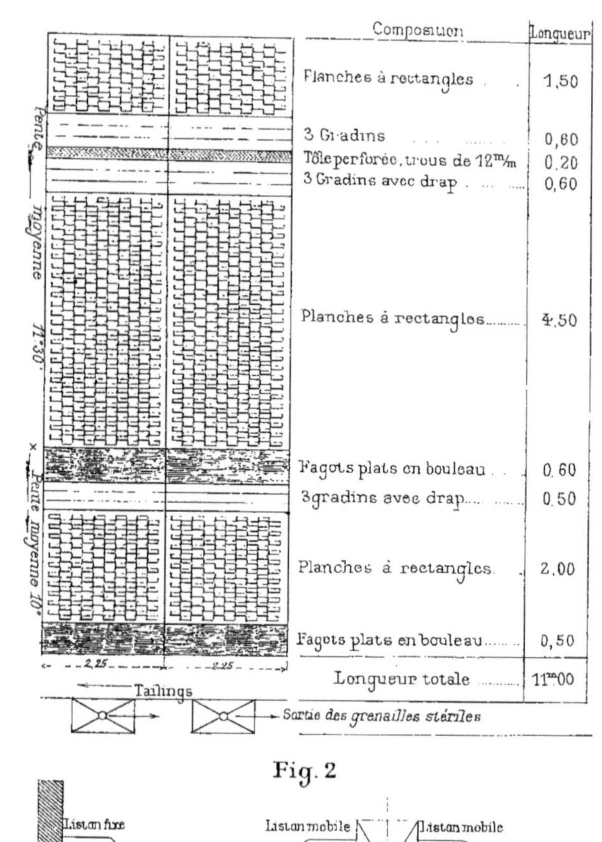

Composition	Longueur
Planches à rectangles	1,50
3 Gradins	0,60
Tôle perforée, trous de 12^m/m	0,20
3 Gradins avec drap	0,60
Planches à rectangles	4,50
Fagots plats en bouleau	0,60
3 gradins avec drap	0,50
Planches à rectangles	2,00
Fagots plats en bouleau	0,50
Longueur totale	11^{m}00

Fig. 2

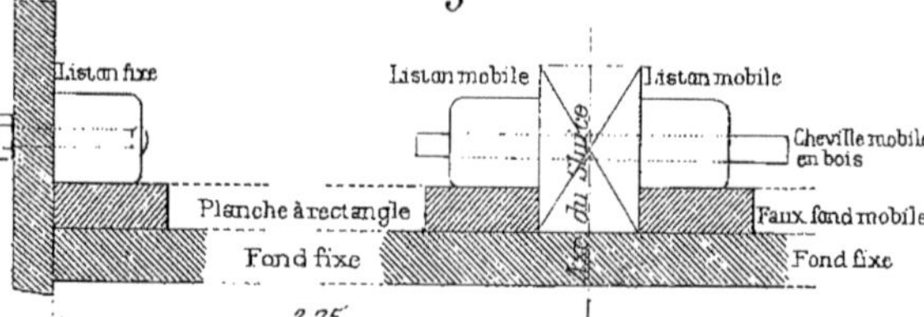

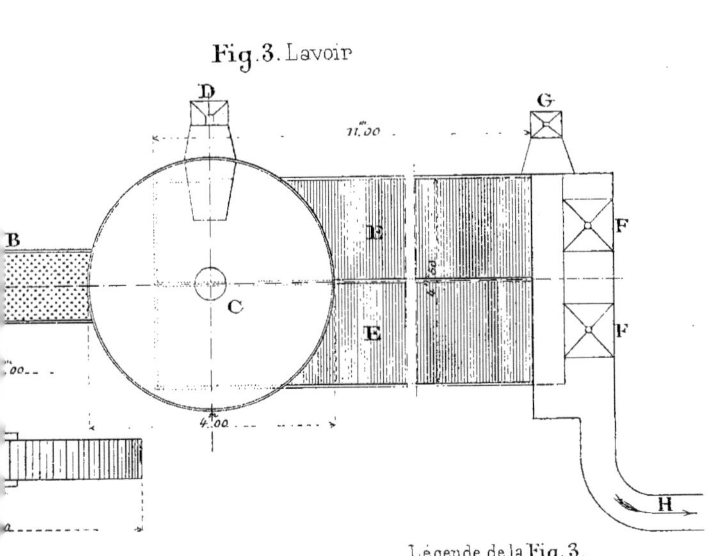

Fig. 3. Lavoir

Légende de la Fig. 3.

A Rampe de chargement pointeur et trémie
B Sluice en tôle percée de trous de 12ᵐ/ₘ. Pente 6°
C Tchachka de 4ᵐ00 de diamètre
D Versoir des gros stériles
E,E Sluice à gradins
F,F,G Sortie des grenailles stériles
H Tailings
K Roue hydraulique de 6ᵐ00 de diamètre

Fig. 4.

d. chantier à ciel ouvert.

Puissance des mort terrains
variant de 10 archines (*Côté
Est*) à 4 archines (*Côté Ouest*)

1,40 niveau supérieur } teneur moyenne:
2,80 stérile } 15 dolis

Niveau exploité
3 à 4 archines

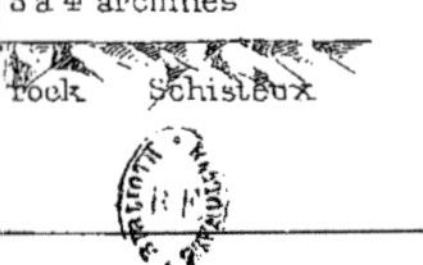

Rock Schisteux

Fig. 5.

Sur les gradins répartis par groupes de trois, il y a du drap tendu sur le fond du sluice, pour retenir l'or fin. On se déclare aussi très satisfait des « riffles » en bois, composés d'une planche de 40 millimètres d'épaisseur, percée de fenêtres rectangulaires de 200 $^{\text{mill.}} \times$ 75 $^{\text{mill.}}$ (Pl. X, fig. 5).

Ces riffles se posent et s'enlèvent très facilement pour le nettoyage journalier, grâce au dispositif dont je donne le détail (fig. 2). On m'a assuré que ces riffles essayés comparativement avec les gradins ordinaires, avaient prouvé d'une manière incontestable leur supériorité pour retenir l'or fin.

Tous ces détails, toutes ces expériences comparatives bien étudiées, prouvent que la question des pertes par lavage a préoccupé depuis longtemps la direction de l'affaire.

J'ai tenu à me rendre compte du déchet effectif et pour cela j'ai fait l'expérience directe suivante :

Sur la conduite du canal de fuite du lavoir n° II, qui est le mieux aménagé pour diminuer les pertes, j'ai placé un sac en toile, fonctionnant comme un filtre, dans lequel j'ai recueilli les boues fines sortant du lavoir. Ces matières ne sont actuellement soumises à aucun traitement et retournent, avec le surplus des eaux, à la rivière.

L'analyse de ces boues, faite à Paris, m'a donné :

Or aux 100 pouds : 59 dolis.

On voit qu'il y a de ce chef un déchet important qui peut être facilement évité par l'emploi du mercure dans des boîtes de queue.

Grand chantier à ciel ouvert. — Ce chantier se trouve à 150 mètres en amont du lavoir n° II. Il exploite la partie de l'alluvion qui n'a pas été enlevée par les travaux souterrains de l'ancienne Compagnie. Il ne reste d'ailleurs qu'un cube limité, qui sera exploité en une ou deux opérations au plus. L'alluvion aurifère est puissante, comme l'indique la coupe générale du chantier (Pl. X, fig. 4), mais il y a une forte épaisseur de stérile à enlever. La partie supérieure de l'alluvion, tenant 15 dolis, est aussi envoyée aux remblais stériles.

L'ensemble de ce terrain est complètement gelé; de sorte que les tailles ne dépassent pas en moyenne 2 tchetverts de hauteur.

Ce grand chantier occupe le personnel suivant :

	Hommes.	Chevaux.
Ouvriers à l'abatage du stérile	12	»
— — de l'alluvion aurifère. . . .	24	»
Charrettes au transport du stérile	6	6
— — de l'alluvion brute. . . .	12	12
— — de l'alluvion après lavage .	6	6
Hommes au lavage	9	»
Surveillants	2	»
Total.	71	24

Production moyenne journalière : 22 sagènes.

Rendement utile par homme et par jour :

$$\frac{22 \times 9,63}{71} = 3 \text{ mètres cubes,}$$

chiffre supérieur à la moyenne générale qui est de 2 m. 50 par homme et par jour et équivalant, comme j'ai déjà eu l'occasion de le dire, à *4 journées pour 1 sagène cube.*

Lavoir n° III (nouveau lavoir). — Cet appareil a été installé pour traiter les matières provenant des travaux souterrains. Ce lavoir est beaucoup plus puissant que les précédents et peut passer, en plein travail, 60 sagènes par jour. Il est mû par une grande roue hydraulique, par-dessus, de 12 archines de diamètre, construite sur place. Elle a fonctionné devant moi et fait honneur,

ainsi que le grand flume d'amenée, à l'habileté de son constructeur. Ce lavoir manque seulement d'une installation pour « sauver » l'or fin. Ces pertes sont certaines, car j'ai remarqué que
tout le chanvre qui sert à boucher les fentes du flume d'évacua-
tion des boues de lavage, était, après l'achèvement de la campagne, soigneusement recueilli par les ouvriers, brûlé, et les
cendres traitées clandestinement à la batée, pour recueillir l'or
resté dans les interstices du chanvre.

L'appareil de débourbage est un trommel à trous décroissants,
suivi d'un grand sluice à gradins et à rifflcs rectangulaires, disposés comme au lavoir n° II et divisé en trois sections, lavant séparément les grenailles classées par le trommel.

Après avoir ainsi passé en revue les moyens de lavage dont
dispose la Société, je vais examiner séparément ses moyens
d'abatage : 1° par excavateur à ciel ouvert; 2° par travaux souterrains dans des alluvions gelées, et je dirai à ce propos quelques
mots sur ce phénomène, spécial à la Sibérie, du gel profond du
terrain, de sa cause et de ses effets.

Je terminerai enfin cette note par quelques renseignements
sur la formation géologique des placers Malamalsky et Iossifoff.
Mon séjour sur les lieux a été trop court pour me permettre de
faire un levé géologique de la région entière; j'ai dû me borner
aux environs immédiats des placers.

Placer IOSSIFOFF.

Méthode d'abatage. — Je n'insisterai pas sur la méthode
d'abatage du placer Iossifoff, qui n'offre rien de particulier. Ce
placer, dont la longueur est de 3 verstes, ne m'a paru offrir

qu'un intérêt secondaire. Il y a un seul chantier à ciel ouvert et une seule machine à tchachka, en exploitation. Le haut du placer est relavé par des Staratiéli. On a travaillé pendant quelque temps par galeries, ces travaux sont maintenant effondrés, j'en expliquerai la raison en parlant des travaux souterrains de Malamalsky. (Voir le plan de ce placer à la page suivante, pl. XI.)

Quantité d'or restant à prendre sur ce placer. — On prépare une exploitation par puits, dans la partie basse du placer; elle ne me paraît pas devoir être bien avantageuse. La teneur est trop faible pour payer des travaux aussi coûteux. Les prévisions sont qu'il reste à prendre dans ce placer, au cours de quatre opérations, les quantités d'or suivantes :

					Pouds.	Livres.
Dans les travaux à ciel ouvert. (Teneur moyenne	52 dolis). .				7	50
» souterrains par puits	»	43	»	. .	3	50
» » par galeries	»	43	»	. .	2	10
				Total.	15	50

Emploi de l'excavateur.

Sur le placer Malamalsky. — Cet appareil était en marche, lors de ma visite, de sorte que j'ai pu me rendre exactement compte de son rendement.

Construit par la maison Pinguely de Lyon (ancienne Maison Gabert), cet excavateur est en service depuis 7 ans, sans avoir nécessité de réparations autres que l'entretien courant. Il est vrai, comme on va le voir, qu'il fait un très petit service.

Il est du type dit « Universel » monté sur un truc roulant sur rails et mobile autour d'un axe central fixé au truc. Ce dispositif, qui n'a pas de raison d'être dans les chantiers d'alluvions,

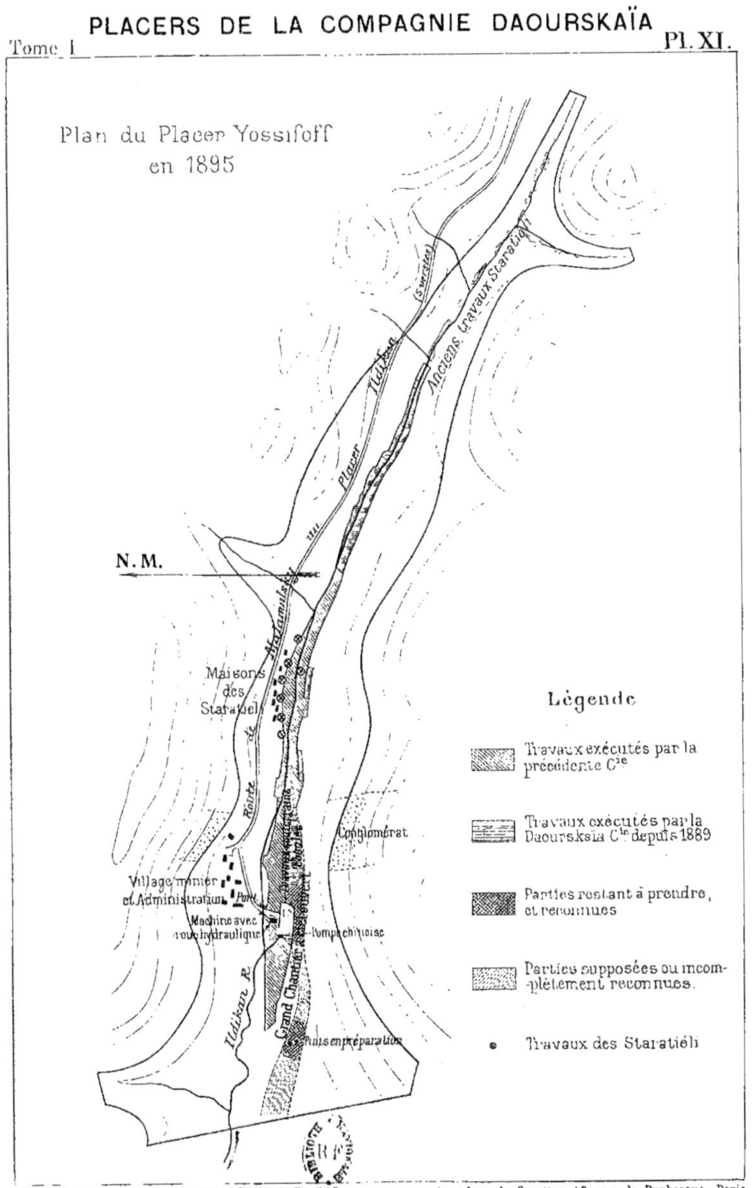
Plan du Placer Yossifoff
en 1895
Anciens travaux Staration
(5 verstes)
Tlitibac
ru. Placer
N.M.
Halamulska
Maisons des Staratiel
Route de
Conglomérat
Village minier et Administration
Pont
Machine avec roue hydraulique
Pompe chinoise
Grand Chantier
Ilidikan R.
Puits en préparation
Légende
Travaux exécutés par la précédente Cie
Travaux exécutés par la Daourskaïa Cie depuis 1889
Parties restant à prendre, et reconnues
Parties supposées ou incom-plétement reconnues.
Travaux des Staratiéli

alourdit beaucoup le système, en complique la marche et en
augmente considérablement le prix. Il est excellent pour exécuter
des tranchées de chemin de fer ou tout autre travail dans lequel
on a affaire à une banquette non dégagée sur sa face principale.

En outre, le mouvement de rotation autour de l'axe, ainsi que
la progression sur les rails, s'obtient par un petit servo-moteur
monté sur une plate-forme fixe, séparée de la plate-forme mobile
où se tient le mécanicien de la machine qui commande l'excavateur, de sorte qu'il faut deux mécaniciens pour le service de
l'appareil, 1 pour les godets et 1 pour le servo-moteur.

Le déplacement de l'élinde dans le sens vertical se fait à bras,
au moyen d'un treuil.

On a ajouté à la voie de l'excavateur, un 5e rail sur lequel
est placée, à cheval, une trémie en bois permettant de charger de
temps en temps les petites charrettes de 250 litres, nommées
« tarataïkas », qui desservent l'appareil. Cette partie du mécanisme est très défectueuse ; la décharge dans les charrettes étant
intermittente, la trémie s'engorge lorsque sa trappe inférieure
est close ; deux hommes sont constamment occupés à piquer
les terres pour dégager l'ouverture. Dès que la trémie a reçu
quelques godets, elle déborde et il faut arrêter l'excavateur en
attendant les charrettes.

En principe, il n'est pas possible de faire le service d'un
excavateur, même du plus faible modèle, avec les petites « tarataïkas » sibériennes.

En fait, à l'époque de ma visite, le nombre des charrettes
affectées à la décharge de l'excavateur et, ce qui est plus grave,
la capacité de travail du lavoir n° I qui dessert l'excavateur, ne
permettaient pas à ce dernier de débiter plus de 20 sagènes
cubes par journée de 10 heures, alors que sa capacité journalière
de travail est de 90 à 100 sagènes, correspondant à 100 mètres

cubes à l'heure, débit que l'appareil en question peut effectivement atteindre en marche normale.

En résumé, l'appareil par lui-même fonctionne parfaitement, mais les conditions dans lesquelles il travaille sont tout à fait défectueuses. Le personnel n'est effectivement occupé que pendant le quart du temps de la journée et ce personnel est lui-même beaucoup trop nombreux, à cause des fausses manœuvres au chargement des charrettes. En voici l'état :

Service de l'excavateur proprement dit :

	Hommes.	Chevaux.
Mécanicien et son aide.	2	»
Trémie de chargement (piqueurs)	2	»
Trémie (manœuvre de la trappe)	1	»
Remplissage des godets	2	»
Charrettes.	5	5
Transport de l'eau et du bois pour la chaudière.	1	1
Total.	13	6

Service du lavage :

	Hommes.	Chevaux.
Manœuvre et charpentier.	2	»
Ouvrier laveur.	1	»
Chargement du lavoir et sluice d'entrée.	2	»
Transport des stériles au « dump »	7	»
Réglage du « dump ».	1	7
Gardien	1	»
Total.	15	7
Total général.	28	13

pour laver journellement, de 17 1/2 à 20 sagènes.

Prix de revient de l'abatage par l'excavateur. — Ce compte ainsi établi, désavantage un peu l'excavateur, en mettant à sa

charge le totalité des frais de lavage tandis que les chantiers à
ciel ouvert n° 1, du plan (voir Pl. IX, fig. 1), sont lavés gratis.
La preuve en est qu'il y a plus de charrettes employées au transport du stérile au « dump » (1) qu'au transport de l'excavateur au
lavoir (7 à la décharge contre 5 à la charge), ce qui est d'autant
plus inadmissible que le dump est à 50 mètres du lavoir et en
terrain horizontal, tandis que les matières venant de l'excavateur ont à parcourir 150 mètres, avec une montée totale de
8 mètres et que les schlamms (minerai fin) s'en vont avec l'eau.

Malgré ce défaut d'organisation, l'excavateur constitue, de l'aveu
même de la direction locale, une économie très sérieuse sur les
anciennes méthodes. Si on compare en effet les chiffres de rendement cités à la page 138 pour les travaux du second chantier à ciel
ouvert desservi par le lavoir n° II, on voit que, abstraction faite
des ouvriers employés au transport et à l'abatage des stériles,
ainsi que des charretiers occupés par le transport des alluvions
au lavoir, on a dans le 1er cas (excavateur occupé seulement
pendant le quart du temps), 8 hommes en service pour 20 sagènes,
soit un rendement de

$$\frac{20 \times 9.63}{8} = 24 \text{ mètres cubes}$$

abattus par homme et par jour, et dans le second chantier
24 hommes occupés à abattre 22 sagènes d'alluvions aurifères,
soit un rendement de

$$\frac{22 \times 9.63}{24} = 8^{mc},79.$$

Le rendement est, on le voit, presque triple dans le premier cas. Il
est vrai qu'il faut tenir compte des frais de combustible, d'huile, de

____

(1) Nom générique des tas de remblais stériles sur les mines.

graisse, chiffons et des réparations, pour avoir des chiffres absolument comparables, mais ces frais sont très faibles et ne dépassent pas en moyenne d'après les livres 5 roubles par jour de travail.

L'emploi de l'excavateur sur les placers sibériens ne s'est cependant pas développé et j'ai exposé dans la première partie de cet ouvrage les raisons pour lesquelles je préférais pour l'exploitation de placers vierges, la drague à l'excavateur. Il peut cependant jouer un rôle important dans certains cas, lorsque l'emploi de la drague serait impraticable comme cela se présente lors de la reprise de tas de déblais déjà lavés une fois et déposés hors du lit du placer. Il faut dans ces circonstances ne pas perdre de vue les principes suivants :

I. Le sol gelé étant inattaquable par l'excavateur, il faut limiter les tailles à la hauteur que le dégelage naturel peut atteindre, soit 2 à 2 tchetverts 1/2, aux meilleures époques.

Choix d'un excavateur. — Il suit de là que plus un excavateur sera puissant, plus il faudra le déplacer souvent, puisqu'il ne peut enlever, à chaque station, qu'un cube limité d'alluvion dégelée. Or, si la manœuvre de l'appareil, une fois placé sur ses rails, est facile, le *ripage* de ces derniers, c'est-à-dire le transport parallèlement à elle-même de la voie de l'excavateur, demande beaucoup de temps et de monde, les traverses s'enfonçant dans le sol généralement boueux de la taille. En principe les excavateurs à gros débit, et par conséquent de gros poids, doivent être *radicalement écartés*. Il faut aussi les alléger de toute machinerie non indispensable, de manière à pouvoir alléger du même coup la voie et faciliter le ripage. A ce point de vue, l'excavateur dit « universel » envoyé à Malamalsky n'était pas un choix heureux.

II. Enfin l'emploi d'un excavateur doit entraîner comme

corollaire indispensable l'installation d'un matériel de wagonnets à traction mécanique. Les « tarataïkas », je l'ai déjà dit, sont absolument impropres au service d'un appareil de terrassement aussi puissant qu'un excavateur, même de petit modèle.

J'estime qu'un excavateur de 50 mètres cubes par heure, type dit parallèle, travaillant au pied de la fouille, est celui qui convient le mieux au travail dans les alluvions gelées de Sibérie.

Exploitation souterraine des alluvions gelées.

On exploite souterrainement toute la partie inférieure du placer Malamalsky. En ce moment, les travaux sont en cours de préparation au moyen de 5 puits successifs, N⁰ˢ 43 à 47, en aval des travaux de l'ancienne Compagnie.

Voici un tableau donnant, en tchetverts, les épaisseurs de stérile, ainsi que la puissance des alluvions aurifères trouvées dans ces puits et enfin leur teneur en zolotniks aux 100 pouds :

ÉPAISSEURS ET TENEURS	PUITS N° 44	PUITS N° 45	PUITS N° 46	PUITS N° 47	TRAVERSE N° 5	TRAVERSE N° 6	MOYENNE GÉNÉRALE
Stérile. . . . tchetr.	100	102	105	102	101	103	102
Alluvion aurif. tchetr.	6	10	9	7	10	11	9
Teneur . . °/₀ pouds	$1^z.24^d$	$1^z.34^d$	$2^z.43^d$	$1^z.1^d$	$.54^d\frac{1}{2}$	$.94^d$	$1^z.26^d$

Recherches dans les bordures des travaux exécutés par l'ancienne Compagnie Schouvaloff :

En face du puits 16	Stérile = 71 tchetv	Alluvion = 8 tchetv	Teneur = $1^z.19$
— 17	68	9	$2.39\frac{3}{4}$
— 18	73	3	.75

Opération 1894-1895. Travaux souterrains.

Voici maintenant quels ont été les résultats de l'exploitation souterraine dans la partie qui se trouve immédiatement en amont des puits 43 à 47, pendant l'hiver 1894-95 :

Durée des travaux : du 19 octobre 1894 au 1er mai 1895. Les travaux souterrains sont suspendus en été, tout le personnel ouvrier étant, à cette époque, employé au lavage des sables superficiels dans le placer.

Nombre total des journées d'ouvriers. . .   13.770.
       »   »   de chevaux . .   5.276
Charbon de bois pour le dégelage . . . .   105 sag. cub. 23 arch. cub.
Bois de chauffage. . . . .   2.545 cordes $\frac{1}{4}$.
Bougie pour l'éclairage des mineurs . . .   72 pouds 33 liv. $\frac{1}{2}$.
Kérosine   »   »   . . .   109 pouds 14 liv.

Production :

Cube abattu (en archines cubes). . . . .   44.159.
    »   (en sagènes cubes) . . . . .   1635 sag. cub. 14 $\frac{5}{8}$ arch. cub.
    »   (en pouds). . . . .   1.962.650.

Rendement :

On a lavé un cube total de 2463 $\frac{3}{4}$ sagènes foisonnées, représentant à raison de 1000 pouds par sagène, (ces matières faisant un foisonnement de 20 0/0), un poids réel de 2.463.750 pouds, dont on a retiré 4 pouds 27 liv. 77 zol. d'or.

Soit un rendement effectivement retiré, de :

$$\frac{2.463.750}{4.27.77} = 0 \text{zol.} 70 \text{dol.}$$

La teneur effective de l'alluvion en place, sans tenir compte de foisonnement, a été de :

$$\frac{1635.14\frac{5}{8} \times 1200 \text{ pouds}}{4.27.77} = 0 \text{zol.} 88 \text{dol.}$$

La teneur moyenne des chantiers nouvellement préparés étant très supérieure à ce chiffre, il y a espoir d'obtenir, pendant la campagne 1895-96, avec la même extraction, un rendement notablement plus grand en or.

Méthode d'exploitation. — Les puits, foncés à 50 mètres les uns des autres, sont tout d'abord reliés par une galerie de laquelle on part pour attaquer à droite et à gauche, toutes les deux sagènes, une recoupe ayant elle-même deux sagènes de large et qu'on conduit jusqu'à la limite d'exploitabilité du gîte. Entre ces recoupes on enlève encore, de deux en deux sagènes, un massif de deux sagènes de large; de sorte que, une fois ce traçage fini, le chantier offre l'aspect représenté à la figure de la planche XII (voir page suivante). Il reste encore environ le quart du gîte en place, sous forme de piliers, qu'on enlève alors en battant en retraite avant de laisser effondrer les travaux.

Tous ces travaux sont boisés avec un soin extrême. Tous les bois formant parois dans ce vaste damier sont *à cadres jointifs*, et composés de rondins ayant au minimum 15 centimètres au petit bout. Dans les galeries et dans les recoupes, un deuxième boisage avec longrines supportant les cadres, est ajouté au premier, comme l'indiquent les figures 1, 2, 3 et 4 de la planche XII (voir page suivante). Ce luxe de boisage est nécessité par le poids considérable qu'il a à à soutenir, depuis le moment où on commence à préparer un quartier, jusqu'à l'époque où on l'abandonne après dépilage complet, c'est-à-dire en général pendant une durée de trois années. C'est là le défaut capital de cette méthode, employée pourtant universellement en Sibérie.

Mode d'abatage. — Voici maintenant comment s'exécute le travail : on met à nu l'avancement en enlevant les demi-rondins

qui le garnissent, et on amasse du bois au pied du front de
taille. On y met le feu et on le couvre d'une couche de charbon
de bois, afin de concentrer le plus possible au pied de la taille,
la chaleur qui a toujours tendance à monter. Quand les travaux battent leur plein et qu'il y a beaucoup de chantiers en
train, il fait si chaud dans la mine que les ouvriers y travaillent
nus, bien que la température atteigne à l'extérieur 50 à 55 degrés
centigrades au-dessous de zéro.

Emploi du feu.

La formule empirique est que : *toute épaisseur de un pouce de
bois de chauffage appliquée ainsi au pied de l'alluvion, dégèle
une épaisseur égale de sables aurifères.* — Néanmoins, cette
action ne dépasse pas 1 1/2 à 2 tchetverts (35 cent.) au maximum.
On arrête alors le feu et on enlève facilement au pic ce qui s'est
dégelé. Il s'est alors, en général, formé une cloche au-dessus
de l'avancement. On pose alors de nouveau trois cadres jointifs
A A′ A″ (fig. 4) et on recommence une opération au feu. Il
reste donc des vides au-dessus des cadres. Ces vides forment
cloche montante dans l'alluvion supérieure et, la chaleur de la
mine aidant, occasionnent des coups de bélier inattendus que
les mineurs redoutent beaucoup et qui sont susceptibles de
briser les plus forts boisages. Quant au remblayage de ces clo-
ches, on voit par la manière même dont se fait le travail, que
c'est une opération impossible.

Les cadres A A′ A″ sont toujours posés avec une légère inclinaison de leur plan de pose du *côté aval*, ce qui facilite leur
adhérence aux cadres antérieurs. Ce mode de procéder n'a pas
d'inconvénient majeur dans les travaux souterrains par puits,
parce que ces séries de cadres sont contreventées par le restant

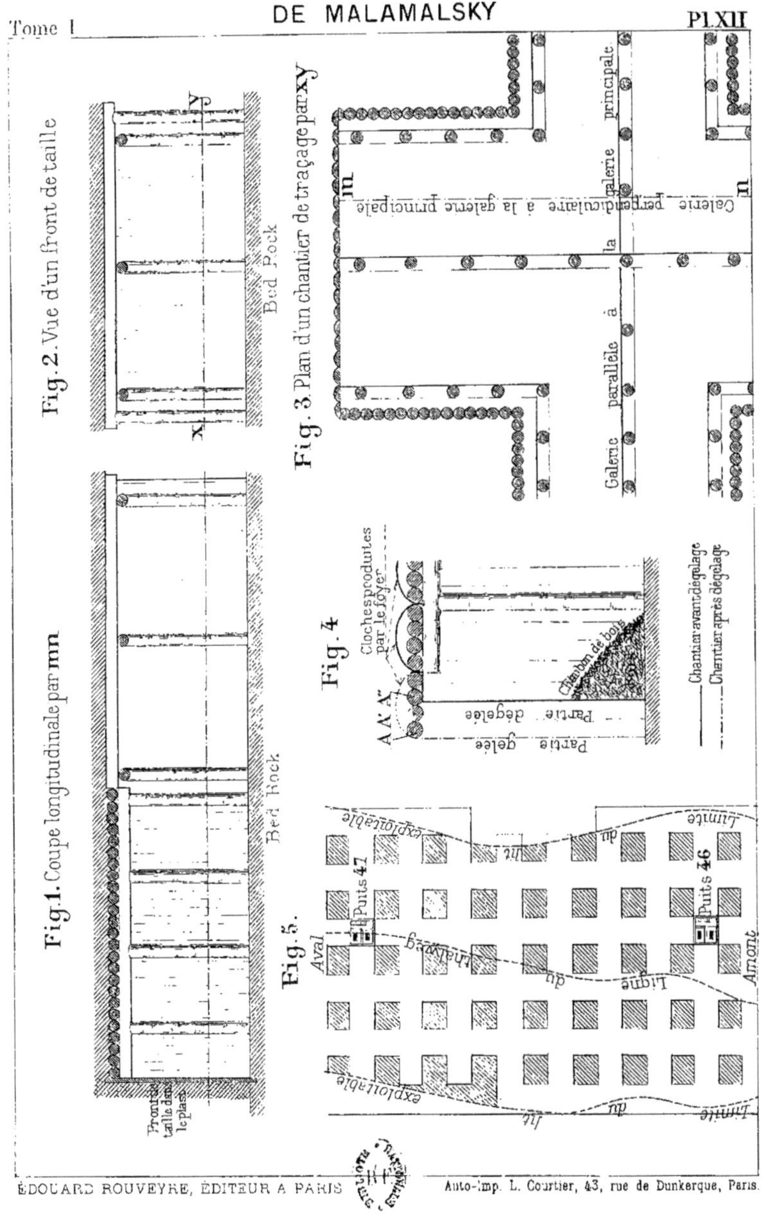

ÉDOUARD ROUVEYRE, ÉDITEUR A PARIS

Auto-Imp. L. Courtier, 43, rue de Dunkerque, Paris.

des travaux souterrains, mais il n'en est pas de même lorsqu'on pénètre dans l'alluvion depuis le jour, par exemple à l'extrémité d'un grand découvert. Dans ce cas, les cadres n'étant contreventés par rien à l'extérieur, ou l'étant par des contrefiches qui sont hors d'état de contre-buter la poussée des terres, ont une tendance à basculer au vide et l'ensemble des travaux s'effondre irrésistiblement. Cet accident est arrivé aux travaux souterrains de la rive gauche de l'Ildikan (Placer Iossifoff).

On voit dans quelles difficultés on est obligé de se débattre, pour surmonter celles que crée l'existence du gel profond des placers. Le sol gelé est inattaquable au pic. Il se *mate* et ne se *fend* pas. Pour la même raison, la poudre et la dynamite n'ont qu'un effet insignifiant, sans compter que le percement des trous de mine à travers les cailloux de quartz dont l'alluvion est parsemée, est une opération lente et coûteuse.

Reste l'action du feu; mais elle a pour résultat, du moins telle qu'on l'applique en ce moment, de ne dégeler que très imparfaitement l'endroit désiré, tout en créant des dangers tels dans le restant des travaux, que ces derniers doivent être obligatoirement exécutés comme s'il s'agissait de traverser des éboulements.

Sans cette difficulté du sol gelé, ou si on arrivait à la tourner autrement, rien ne serait plus facile que d'abattre ces alluvions aurifères profondes par tailles chassantes, d'amont vers aval, après percement de la galerie de thalweg, sans autre boisage que celui nécessaire pour maintenir la taille chassante pendant la durée de son abatage.

Du gel profond des alluvions aurifères.

Ce phénomène du gel profond est en définitive, aussi bien pour les travaux à ciel ouvert que pour les travaux souterrains, le principal obstacle aux améliorations cependant bien désirables des méthodes d'exploitation.

Quelle est d'abord la cause du phénomène? Plusieurs auteurs parlent de glace antédiluvienne, de formation contemporaine à celle du terrain quaternaire lui-même. Je ne vois pas de raisons pour qu'il en soit ainsi et j'en vois plusieurs contraires. D'abord le climat, à l'époque quaternaire, n'était pas froid en Sibérie Orientale. La flore démontre que, sans contenir les végétaux typiques des régions chaudes, comme les palmiers, cycadées, etc., elle a cependant dans son ensemble, un faciès de flore tempérée, convenant à la vie des grands herbivores qui pullulaient dans ces contrées; enfin les lits et les bords des anciennes rivières aurifères ne présentent aucun des caractères des périodes glaciaires.

J'explique ce phénomène du gel profond, simplement par l'effet prolongé du climat actuel de la Sibérie et par la conductibilité du sol glacé pour le froid qui, quoique faible, a fini par permettre aux calories négatives, plus nombreuses que les calories positives, de venir solidifier les eaux souterraines à des profondeurs qui nous étonnent au premier abord.

La courbe des régions ayant une température annuelle moyenne inférieure à zéro, laisse en effet au Nord la majeure partie de la zone aurifère sibérienne, et notamment les placers de la Zéya et de la Transbaïkalie qui m'occupent plus spécialement. Mais la température moyenne annuelle n'est pas le seul élément à faire entrer en ligne de compte, il faut considérer aussi la *durée* des périodes de gel et de dégel et l'*intensité* de l'une et l'autre de ces actions contraires. Je vais montrer que ces deux éléments d'appréciation concourent à favoriser l'accroissement pour ainsi dire indéfini du gel en profondeur.

Durée de la période. — Les observations météorologiques
exactes sont encore rares en Sibérie Orientale. Il y a pourtant,
à Irkoutsk, à Tchita, à Nertchinsk, à Nertchinskiy Zavod et
à Blagoviestchensk, des stations météorologiques assez anciennes
pour donner des moyennes méritant confiance. J'ai pu dresser
pour les quatre premières localités le nombre moyen des jours
pendant lesquels la température a été supérieure ou inférieure
à zéro (¹).

Pour les environs immédiats de Nertchinsk dans lesquels se
trouve le placer Malamalsky au sujet duquel j'ai entrepris cette
étude du gel profond, ce rapport est de 200 à 165, ce dernier
chiffre s'appliquant aux températures au-dessus de zéro.

Pour représenter graphiquement cette différence (pl. VIII,
fig. 2, page 96), il suffit de porter sur l'axe des x les jours de
l'année, en prenant pour origine la date où la moyenne température a été de zéro degré et de porter sur les y les températures moyennes correspondant à chacun des jours de l'année. On
se rend compte immédiatement de l'importance et de la forme
de l'aire négative A'' disponible pour l'accroissement du gel, en
admettant, dans une première approximation, que les aires A
et A' se contre-balancent, c'est-à-dire que le sol se gèle et se
dégèle d'une manière identique comme durée.

Le même graphique montre immédiatement que la majeure
partie de l'aire froide est formée de calories négatives à intensité
élevée, inférieures à — 20° par exemple. Or, sans entrer dans
une analyse mathématique du phénomène, il est facile de comprendre que l'action de ces calories A'' est incomparablement

(1) Température moyenne annuelle à Nertchinsk. . . . . — 2°.7
      »   »   Nertchinskiy Zavod. . . — 0.6
      »   »   Irkoutsk . . . . — 0.1
      »   »   Tchita . . . . + 1 6

plus grande que celle des calories positives de A sur les couches profondes du sol. La conductibilité du sol gelé, quelle qu'elle soit, est en raison directe de la différence de température qui existe entre celle θ du corps refroidi — dans l'espèce le terrain non congelé encore — et celle θ' du milieu refroidissant, air, ou plus exactement rayonnement diurne et surtout nocturne dans l'espace, phénomène qui est d'une remarquable intensité, en Sibérie Orientale, pendant les longues nuits d'hiver.

Ces considérations théoriques ont leur importance : elles expliquent les anomalies qui paraissent parfois extraordinaires, que l'on constate dans la façon dont certains terrains se gèlent tout en conservant des parties non solidifiées, même pendant les froids les plus rigoureux. Par exemple, un terrain recouvert d'un tissu végétal épais et mauvais conducteur de la chaleur — et par conséquent aussi du froid — comme la tourbe, est un obstacle considérable pour le gel profond. Ce tissu est au contraire perméable pour les eaux chaudes superficielles de l'été, et dans ces conditions l'action du gel profond peut être complètement modifiée. La présence d'une couche de neige au-dessus de la tourbe, formant un nouveau manteau protecteur, peut permettre à certaines réactions chimiques, notamment à la putréfaction des plantes aquatiques, d'entretenir une source de chaleur locale suffisante pour s'opposer à la congélation. En fait, la pratique confirme pleinement ces considérations. Les terrains marécageux et tourbeux sont ceux qui donnent lieu le plus fréquemment, dans le creusement des puits de recherches, à des venues d'eaux relativement tièdes, qui arrêtent le travail et ne se congèlent pas, même par les froids les plus intenses.

C'est surtout, je l'ai dit plus haut, par le rayonnement nocturne, si intense dans les nuits claires des pays sibériens, que s'opère le gel profond. Tous les patineurs connaissent l'influence des nuits claires sur la dureté de la couche glacée. C'est là une donnée si familière aux mineurs, que dès le mois de septembre ils ne manquent pas de recouvrir chaque soir, d'une couche de paille, les tailles mises à nu et dégelées dans la journée, afin de ne pas perdre le bénéfice du réchauffement diurne. Dans le même ordre d'idées, tout ce qui peut tendre à augmenter l'absorption de calorique positif par le sol, exercera une action favorable. On connaît l'efficacité des surfaces noires et mates pour l'absorption des rayons calorifiques, les sols foncés sont plus chauds, moins gelés et surtout plus facilement dégelés que les sols clairs, tous les agriculteurs le savent. Le mineur sibérien obéit à la même préoccupation, en répandant de la tourbe noire pulvérisée sur le sol qu'il veut dégeler. Cette recette donne de bons résultats.

En résumé, le gel profond des sols sibériens est un phénomène purement climatérique, qui s'explique quand on examine de près les actions auxquelles le sol se trouve exposé.

Cette étude démontre que le gel profond dépend des circonstances sur lesquelles la volonté humaine et l'art de l'ingénieur n'ont aucune action, et que le dégel des alluvions ne peut être obtenu qu'en combattant l'effet et non la cause. Les palliatifs ci-dessus énumérés, lit de paille, de tourbe, etc., n'ont pour résultat que de prolonger pendant quelques jours la campagne d'automne, mais ce sont, dans ces limites, des adjuvants à ne pas dédaigner, qui ont leur mérite réel, et en première ligne, celui d'être peu coûteux et d'une application facile.

Conductibilité du sol. — Les expériences sur la conductibilité du sol pour le froid n'ont, à ma connaissance, fait l'objet d'aucune étude sérieuse jusqu'à ces dernières années. La découverte du procédé Pœtsch pour le fonçage au moyen de la congélation, des puits d'extraction à travers des niveaux aquifères, a

attiré l'attention sur ce point, et grâce au nombre de plus en plus
grand des puits exécutés par cet élégant procédé, on commence
à être bien fixé sur les principes qui régissent la matière (¹).

On sait par exemple que les terrains argileux sont plus difficiles
à congeler que les sables ou graviers; qu'une distance de 0 m. 70
entre les sondes froides est suffisante, même dans les cas les plus
défavorables, pour obtenir une congélation complète et travailler
avec sécurité à l'intérieur de l'anneau gelé; que la rapidité de
la congélation est singulièrement favorisée par l'abaissement du
degré thermométrique du liquide circulant (dissolution de chlo-
rure de calcium ou de magnésium) dans les sondes, ainsi que
l'exigent les lois de la diffusion thermique, etc.

On a à résoudre pour le dégel des terrains, le problème exactement inverse, sauf cependant que dans ce dernier problème,
si l'on veut en chercher la solution pendant la saison des travaux d'été en Sibérie, l'action de l'atmosphère attenante aux
surfaces à dégeler travaille en faveur du dégel, tandis que dans
le procédé Pœtsch, il faut constamment lutter contre l'influence
réchauffante, et partant nuisible, du terrain qui environne l'anneau artificiel de glace qui protège le fonçage.

En fait la question du dégelage des alluvions aurifères est
encore très peu connue. On ne possède que des données empi-
riques. Il a été fait cependant, d'après ce que j'ai appris, des
essais assez nombreux, tous infructueux ou inapplicables en
grand. Le nombre même de ces essais montre quelle est l'importance du problème aux yeux des exploitants sibériens.

Le procédé de dégelage par le feu, dont j'ai décrit le fonction-
nement dans les travaux souterrains de Malamalsky, n'est appli-
cable aux travaux à ciel ouvert qu'exceptionnellement. La règle

---

(1) Voir notamment, dans les *Annales des Mines*, 8ᵉ série, tome VIII, année 1885,
une intéressante étude de M. Lebreton sur ce sujet.

pratique, *d'épaisseur égale de lit de bois et d'alluvion dégelée*, explique surabondamment l'inanité du procédé pour des alluvions ordinaires qui ne peuvent pas supporter les frais d'un moyen aussi coûteux de dégelage. M. Dementieff, Directeur du placer Malamalsky, a bien voulu me communiquer les résultats des essais faits par lui-même, pour opérer le dégelage par d'autres procédés, notamment au moyen de sondes chaudes.

Il a essayé successivement des sondes métalliques chaudes, qui n'ont donné aucun résultat, la chaleur spécifique des métaux étant très faible. Les essais avec tuyau de vapeur préalablement enfoncé dans le sol n'ont pas donné non plus de résultats favorables. Il fallait des quantités colossales de vapeur et une action prolongée pour dégeler une zone de 50 centimètres circulairement autour du tube. Il est vrai qu'en opérant ainsi, la vapeur se détendait à la sortie du tube et employait pour ce travail inutile une notable partie de la chaleur latente de vaporisation. Je considère d'ailleurs comme étant d'un emploi impraticable, tout procédé exigeant pour son application des tuyautages de vapeur, joints étanches à faire, etc.

Quantité de glace contenue dans les sables. — La première question était de savoir quelle est la quantité de glace existant réellement dans une alluvion gelée, dure, résistant au pic à peu près à la façon d'un tuf bien cimenté.

Pour répondre à cette demande, au sujet de laquelle personne ne pouvait me fixer d'une façon même approximative, j'ai fait moi-même des expériences directes sur les alluvions gelées du grand découvert de la Machine Numéro II du placer Malamalsky. Bien que le temps m'ait fait défaut pour répéter ces expériences sur un grand nombre de points et en tirer des conclusions pratiques, je tiens à faire connaître les chiffres que j'ai obtenus.

Voici les résultats donnés par ces essais :

NUMÉRO des ESSAIS	POIDS D'ALLUVION GELÉE, ESSAYÉE					TENEUR en GLACE
	BRUT (gelé)	TARE	NET (gelé)	NET (sec)	DIFFÉRENCE	
	Livres	Livres	Livres	Livres	Livres	%
I.	40	$3\frac{1}{2}$	$36\frac{7}{8}$	$32\frac{3}{8}$	$4\frac{1}{2}$	12.18
II.	$42\frac{3}{4}$	$3\frac{1}{4}$	$39\frac{1}{2}$	$36\frac{3}{4}$	$2\frac{3}{4}$	7.00

L'essai I a été pris dans une des tailles inférieures, au sein d'une alluvion argilo-sableuse moyennement résistante au pic.

Le N° II provient d'une des tailles supérieures, dans un endroit considéré comme très glacé et plus dur que le N° I. Nature du terrain : argileux avec de gros cailloux. Une ou deux de ces pierres ont été éliminées à la main avant de procéder au pesage, de sorte que la teneur en eau trouvée, pour cet échantillon, peut être considérée comme sensiblement supérieure à la réalité.

On voit que des quantités d'eau relativement faibles suffisent pour cimenter et durcir considérablement une alluvion.

Il va sans dire que ces premiers essais auront besoin d'être complétés et vérifiés, ce que je me propose de faire dans la campagne prochaine en même temps que j'étudierai le dégelage comparatif d'une alluvion gelée, d'une part par l'action directe de l'atmosphère et des rayons solaires, et d'autre part par l'action d'une couche d'eau soumise aussi aux mêmes influences atmosphériques et solaires. Ces données ont une grande importance pour l'exploitation par dragage.

Formation géologique.

Il ne m'a pas été possible de consacrer à l'étude du placer Malamalsky autant de temps qu'à ceux de l'Onon, de sorte que

j'ai dû me borner à prendre une idée générale de la formation
géologique au cours des deux excursions que j'ai faites entre les
deux placers appartenant à la Compagnie Daourskaïa. Le pays est
aussi moins facile à prospecter que la vallée de l'Onon. Il est
couvert de grands bois et les occasions de voir le terrain à nu
sont rares. Enfin l'attention des agents locaux n'a pas jusqu'à
présent été éveillée sur la question des origines de l'or, de façon
que les guides, connaissant la nature des roches, sont rares.

J'ai relevé cependant certaines coupes qui, rapprochées de
celles que j'avais rencontrées à Tzagan et dans la vallée de
l'Ounda, offrent des caractères communs intéressants. Voici les
points qui me paraissent d'ores et déjà acquis :

I. — Il n'y a pas dans la haute vallée de la Bystra de formation aurifère comparable à celle de l'Onon. Le granit notamment et ses dérivés, aplite, pegmatite, etc., font complètement
défaut.

II. — La formation est composée ici comme suit : à la base,
composant le thalweg des vallées, des schistes gris et noirs, argileux, se délitant facilement à l'air, identiques à ceux de l'Onon.

Au-dessus viennent de grands épanchements de porphyre
qui couronnent les crêtes séparant la vallée de la Bystra, des
rivières Katika et Ildikan.

Ce porphyre contient une quantité de veines et veinules de
quartz rosé, recoupant la roche dans tous les sens. Il renferme
aussi, très fréquemment, de la pyrite de fer en nids ou en pla-
quettes dans les fentes de la roche.

III. — J'ai constaté enfin l'existence d'un grand banc de
conglomérats à pâte dioritique ou porphyrique. Ce conglomérat
traverse la vallée de Malamalsky un peu en amont des dernières
maisons du village. Il apparaît très clairement de l'autre côté

de la crête, dans la vallée de l'Ildikan. Il en a été extrait d'énormes blocs, rencontrés épars dans l'alluvion exploitée par galeries dans ce placer.

Ces différents terrains sont représentés tels que je les ai observés dans les figures 2 et 3 de la planche IX, page 134. La vallée du Katika, non aurifère, n'aurait pas atteint la formation de cette couche de conglomérats.

L'analyse de ces conglomérats exécutée à Paris, sur plusieurs échantillons rapportés par moi, a démontré la présence de l'or, mais en quantités minimes et non payantes (1/4 à 1/3 de gramme à la tonne).

Résumé.

Le placer Iossifoff n'a qu'une importance très secondaire et ne mérite pas qu'on y fasse des dépenses autres que les frais ordinaires de l'exploitation. Il n'y aurait que le cas où la formation géologique du placer, encore tout à fait inconnue, démontrerait qu'il existe des gîtes primitifs (filons ou conglomérats) exploitables, qu'il y aurait lieu d'envisager un avenir pour ce placer.

Il n'existe pas non plus de cube important d'anciens résidus à relaver.

Il en est autrement au placer Malamalsky. Le cube à relaver est important et peut être rapidement réalisé avec le secours de l'excavateur. Il faut pour cela augmenter la puissance du lavoir Numéro 11, ce qui est facile, car l'eau ne manque pas et c'est l'élément essentiel pour un bon lavage. Toutes ces matières se laveraient admirablement dans un grand sluice de 30 à 40 mètres de longueur.

Les teneurs reconnues par les sondages exécutés sur les alluvions profondes, entre les puits 45 et 47, sont très satisfaisantes. Malheureusement il y a une énorme épaisseur de stériles à traverser. Je ne suis néanmoins pas certain, étant donnés les frais colossaux qu'entraîne l'exploitation souterraine, telle qu'elle se fait en ce moment, que ce procédé soit plus économique que celui qui consisterait à tout enlever par grandes tranchées à ciel ouvert, en mettant l'alluvion à jour. Il faudrait, pour résoudre la question, faire un compte détaillé et sérieux des frais que comportent l'une et l'autre méthode, ce qui demanderait plus de temps que je n'ai pu en consacrer à ce placer.

En tout cas, l'affaire de Malamalsky a déjà 4 à 5 opérations sûrement préparées, sur le pied de la production actuelle de 8 à 10 pouds d'or par année, peut-être même un peu plus, grâce aux bonnes teneurs trouvées. On a donc tout le temps nécessaire pour exécuter les autres travaux d'avenir et préparer de nouveaux sondages vers l'aval. Il y a aussi à reprendre un bras aurifère, négligé par l'ancienne Compagnie, à l'Ouest de ses anciens travaux souterrains. Il y a là un cube important d'alluvions, à extraire. — Leur teneur est médiocre il est vrai, — 22 à 25 dolis. — mais elles ne sont recouvertes que d'une faible épaisseur de stérile et exploitables à l'excavateur. Ces matières pourront passer au lavoir III qui est à proximité et en aval.

Cette affaire est dirigée sur place, par M. Innocent Dementieff, avec beaucoup de sagesse et de bon sens pratique. L'administration locale m'a paru ne rien laisser à désirer comme ordre et comme exactitude. Les plans des mines et des sondages sont tenus proprement et exactement à jour.

Tableau donnant la production totale de la Compagnie Daourskaïa

depuis l'année de son début jusqu'en 1893/4 inclus.

| ANNÉES | TRAVAUX DE LA SOCIÉTÉ | | | | | | | TRAVAUX À L'ENTREPRISE | | | | | | | ENSEMBLE | | | | | | | |
| | QUANTITÉS LAVÉES | PRODUCTION D'OR | | | | TENEUR o/o pouds | | QUANTITÉS LAVÉES | PRODUCTION D'OR | | | | TENEUR o/o pouds | | QUANTITÉS LAVÉES | | PRODUCTION D'OR | | | | TENEUR o/o pouds | |
	Sagènes / Pouds	P.	L.	Z.	D.	Z.	D.	Sagènes / Pouds	P.	L.	Z.	D.	Z.	D.	Sagènes	Pouds	P.	L.	Z.	D.	Z.	D.
Placer Malamalsky.																						
1888/9	3846 / 4.115.900	5	27	55	66	.	44	»	2	24	46	30	.	.	.	.	8	11	80	.	.	.
1889/30	3406 1/2 / 3.464.600	5	55	60	17	.	43	6179 3/4 / 6.745.600	4	50	87	79	.	26	9.586	10.208.200	8	26	52	.	.	51
1890/1	3540 3/4 / 3.757.500	5	18	15	88	.	53	4942 / 5.712.100	4	26	84	8	.	30	8.485	9.469.600	10	5	4	.	.	59
1891/2	5524 3/4 / 5.997.600	6	10	52	64	.	58	6052 / 7.582.400	4	11	17	52	.	20	11.976	13.580.000	10	21	70	.	.	28
1892/3	4630 / 5.577.800	6	57	.	.	.	43	6099 / 6.897.960	5	29	50	66	.	27	10.749	12.475.700	10	26	50	66	.	51
1893/4	5752 / 6.137.600	6	25	59	66	.	39	5890 / 6.464.800	5	16	6	50	.	18	11.642	12.602.400	9	36	46	.	.	29
		34	54	10	15				25	14	4	55					58	8	14	66		
Placer Iossifoff.																						
1887	.	.	.	.	.	.	.	900 / 1.080.000	1	2	27	72	.	36	900	1.080.000	1	2	27	72	.	36
1887/8	.	.	.	.	.	.	.	1298 / 1.558.000	.	57	31	.	.	22	1.298	1.558.000	.	57	31	.	.	22
1888/9	.	.	.	.	.	.	.	1050 / 1.050.050	.	55	76	48	.	50	1.050	1.050.050	.	55	76	48	.	50
1889/90	.	.	.	.	.	.	.	1896 / 2.275.500	2	4	89	.	.	54	1.896	2.275.500	2	4	89	.	.	34
1890/1	.	.	.	.	.	.	.	1481 / 1.778.200	1	25	15	.	.	55	1.481	1.778.200	1	25	15	.	.	55
1891/2	.	.	.	.	.	.	.	1906 / 2.283.000	1	19	54	.	.	24	1.906	2.283.000	1	19	54	.	.	24
1892/3	.	.	.	.	.	.	.	1220 1/2 / 1.463.200	.	21	95	72	.	15	1.220	1.465.200	.	21	95	72	.	15
1893/4	1885 / 2.075.000	2	22	11	12	.	45	1284 / 1.511.400	.	50	1	54	.	17	1.284	1.541.400	5	50	15	.	.	55
		2	22	11	12	.	45		9	15	2	84					11	35	14	.		
Totaux. . .		57	16	21	25				52	27	7	41					70	5	28	66		

ANNEXES

ANNEXE A

PRIX DE LA MAIN-D'ŒUVRE SUR LES MINES DE L'ONON

Contrats d'engagement. — Les ouvriers sont engagés pour la durée totale de chaque opération, au moyen de contrats imprimés, établis sous une forme constante et dont les termes sont approuvés et sanctionnés par le Gouvernement. Ces contrats, qui sont fort longs, entrent dans les détails les plus minutieux, afin de sauvegarder les droits et intérêts de l'ouvrier et d'empêcher qu'il puisse se trouver exploité par un entrepreneur sans vergogne.

Je ne puis, dans ce court résumé, entrer dans des détails trop circonstanciés. Je dois me borner à dire que s'il y a une tendance à noter dans les rapports entre la main-d'œuvre et le capital en Sibérie, cette tendance, commune avec celle des Nations Occidentales, est de favoriser l'ouvrier au détriment du patron. J'ai tenu à m'assurer du fait, car j'étais arrivé sur les lieux avec une opinion notablement différente, créée par une littérature visant des abus qui ont pu se produire à l'époque où le travail des mines était exécuté par des forçats. Grâce à Dieu, dans l'intérêt même de l'exploitant, ces temps ne sont plus, et si les ouvriers doivent être engagés pour un temps déterminé, à cause des difficultés que présente le pays et de l'absence d'ouvriers locaux, ces contrats de location de services n'ont aucun des caractères du travail forcé auquel on a tenté de les assimiler à tort, en créant ainsi une confusion des plus regrettables et qui ne repose sur aucun fondement sérieux.

Mode de recrutement. — Ce qui pèche le plus dans ces engagements, c'est le mode de recrutement. Les Compagnies Minières ont essayé de tous les systèmes, d'agent recruteurs à leur solde, d'agents fixés sur les lieux de départ des ouvriers engagés, de correspondants, etc. A la Compagnie de l'Onon, c'est par un intermédiaire responsable, résidant à Verkné-Oudinsk, centre du pays qui fournit la main-d'œuvre, que s'opère le recrutement. Cet agent choisit les hommes, les expédie à la mine en temps opportun, leur fait les avances nécessaires à eux et à leur famille, etc., etc. Il est en compte courant avec la Compagnie, qui ne lui paie le solde dudit compte qu'à la fin de l'opération, de façon à conserver toujours par devers elle une garantie effective pour la complète exécution des engagements.

Ce commissionnaire doit les remplaçants nécessaires pour combler les vides qui peuvent se produire dans le personnel ouvrier, pendant le cours de la campagne, par maladie, décès ou autre cause. Il touche une rémunération de 4 roubles par ouvrier recruté par ses soins.

Le côté faible du système, c'est que la Compagnie n'est pas appelée à choisir elle-même ses ouvriers, de sorte qu'elle n'a pas des hommes aussi forts, aussi solides qu'elle pourrait le désirer. Il arrive souvent que ces commissionnaires recruteurs qui sont en même temps négociants et parfois gros négociants dans le pays, envoient aux mines leurs débiteurs insolvables, pour se rattraper ainsi d'une partie de leurs créances sur eux.

J'ai dit déjà dans le corps du Rapport que les ouvriers mineurs sibériens étaient tous, sans exception on peut le dire, des voleurs-nés de pépites. Ils n'ont même pas le sentiment, en les dérobant, d'avoir commis une action contraire aux lois les plus élémentaires de la probité et de la morale. Ils dérobent en cachette, parce qu'ils savent que les règlements interdisent le vol, mais c'est tout.

Avances et salaires. — Pour en revenir au côté économique de la question, j'ajouterai que, indépendamment des frais de voyage avancés par la Compagnie et qui s'élèvent, suivant les conditions, de 30 à 100 roubles par tête, la Société prend à sa charge la nourriture, le logement, le chauffage enfin, les soins médicaux et pharmaceutiques pour les hommes pendant la durée de l'opération.

En outre, elle paie par journée effective de travail, les salaires suivants :

Travaux dans les déblais stériles   83 kopecks
   —   sables aurifères   90
   —   sables à relaver   60

On travaille en moyenne 27 à 28 jours par mois. Le repos dominical n'est pas observé. Un essai en sens contraire a amené une grève et des troubles graves. Il y a un jour de repos général tous les quinze jours, plus les fêtes légales qui sont assez nombreuses.

Les travaux d'hiver sont payés moins cher que les travaux d'été. Les ouvriers employés sous terre reçoivent aussi un salaire spécial et plus élevé, ainsi que ceux employés au creusement des puits de sondage.

Nourriture. — Les frais de nourriture tels qu'ils sont prévus dans les contrats, représentent à peu près 6 R. 50 à 7 roubles par mois et par homme.

Ce prix, très bas, est dû principalement au bon marché extrême de la viande dans le pays. Le quartier de bœuf abattu, viande nette, ne revient pas à plus de 2 R. 40 le poud.

Voici comment s'établit le prix de revient par mois et par homme :

RATION NORMALE FIXÉE PAR LE CONTRAT D'ENGAGEMENT

DÉSIGNATION des ARTICLES	QUANTITÉ MENSUELLE A LIVRER PAR TÊTE D'OUVRIER	PRIX MOYEN	VALEUR TOTALE
		R. k.	R. k.
Viande (1). . . .	1 poud 5 livres	2.40	2.70
Pain	5 pouds	.80	2.40
Gruau	7 liv. $\frac{1}{2}$.	.03	.22$\frac{1}{2}$
Sel.	3 livres	.06	.18
Thé	$\frac{1}{2}$ livre.	.80	.40
Graisse	$\frac{1}{2}$ livre	.12	.06
Vodka.	8 portions (environ 1 litre).	.07	.56
		Total. . . .	6.52

(1) La ration normale journalière de viande dans l'armée française est de 300 grammes de viande et os par homme et par jour. Elle n'est donc que les 52,6 0/0 de la ration du mineur sibérien (570 grammes par jour).

Magasin de la Compagnie. — Le tabac, le sucre et autres friandises sont fournis par le magasin de la Compagnie, à un prix modéré, et débités sur le carnet individuel de l'ouvrier.

La majoration du magasin est de 10 pour 100 sur les prix de revient, 15 pour 100 sur les marchandises faisant du coulage. Cette prime modérée couvre les frais de magasinier, comptable et distributeur.

ANNEXE B

VALEUR DE LA JOURNÉE DE CHEVAL A L'ONON

Valeur. — La valeur intrinsèque des chevaux et très faible dans toute la vallée de l'Onon, pays d'élevage par excellence, mais manquant de débouchés. Le prix d'un cheval varie de 10 à 40 roubles. Au-dessus de cette limite viennent les chevaux de luxe ou d'agrément qui atteignent jusqu'à 80 roubles par tête.

Nourriture. — En été, les chevaux de la Compagnie de l'Onon reçoivent la ration B. Ils pâturent librement dans la vallée où se trouvent situés les placers. Il n'y a à ajouter au prix de la ration que les frais de garde, qui sont insignifiants.

On trouve actuellement à la mine 236 chevaux de service dont 30 sont occupés à l'Administration Centrale pour les attelages de la Direction, de la poste, du service de surveillance, etc. ; le reste travaille sur les placers.

Le personnel des écuries se compose en tout de 8 hommes, à savoir :

1 surveillant-chef, cocher.
2 postillons.
2 palfreniers.
3 gardiens de pâturage.

Valeurs des rations. — Voici maintenant la valeur des rations qui sont données aux chevaux :

Le foin est coupé sur place et revient, mis en meules, à 20 kopecks le poud.

L'avoine vaut 1 rouble le poud.

La farine (pour barbotages) 1 rouble le poud.

Ces prix peuvent varier. Ceux que je viens de citer s'appliquent à l'exercice 1895. Ils sont plutôt un peu supérieurs à la moyenne.

(A). *Ration d'hiver.*

	R		
1 poud de foin à 20 kopecks	0.20		0.20
10 à 12 livres d'avoine à 2 kop. 50	0.25	à	0.30
Total :	0.45	à	0.50

(B). *Ration d'été.*

½ poud de foin	0.10		0.10
10 à 12 livres d'avoine	0.25	à	0.30
3 livres de farine	0.075		0.075
Total :	0.425	à	0.475

Prix de revient total :

	R
180 rations à 0.475	85.50
185 — 0.50	92.50
365 jours.	Ensemble 178 roubles.

Non compris les frais de gardiennage, qui passent par frais généraux.

L'amortissement de la valeur moyenne des chevaux, qui est de 55 roubles, se fait en 6 ans à raison de 6 roubles par an.

Prix de revient. — En définitive la journée de cheval travaillant été et hiver, pendant 300 jours, à l'Onon, est de

$$\frac{178 + 6}{300} = 0\overset{R}{.}61$$

Si on utilise le cheval seulement pendant la durée de l'opération sur les placers, qui dure en moyenne 140 jours, on a comme prix de revient ·

$$\frac{178 + 6}{140} = 1\overset{R}{.}31$$

ANNEXE C

CONSIDÉRATIONS GÉNÉRALES SUR LA CONSTITUTION GÉOLOGIQUE DES GISEMENTS AURIFÈRES DE LA SIBÉRIE ORIENTALE

Développement des régions aurifères en Sibérie. — Un premier point qui frappe les yeux quand on examine la carte des gisements aurifères de la Sibérie, c'est l'extrême diffusion des placers aurifères sur la surface de cet immense pays. Ces richesses ne sont cependant pas réparties d'une manière uniforme : l'importance de la Sibérie Orientale comme producteur d'or, atteint à elle seule la moitié de celle de l'Empire russe tout entier; mais au point de vue géologique que j'envisage en ce moment, le phénomène de la venue de l'or a affecté indistinctement; on peut le dire, la totalité de la Sibérie. Si on part en effet des gîtes aurifères de l'Oural, les plus anciennement exploités, berceau de l'industrie minière dans ces pays, on trouve une série ininterrompue de gisements aurifères en s'avançant vers l'Est, à savoir :

Les steppes d'Orenbourg qui forment la continuation du district minier de l'Oural.

La région de Semipalatinsk, sur le Haut Irtich, où le nombre des placers exploités augmente rapidement.

A cette région se rattachent les placers à peine prospectés des environs de Verny et ceux plus éloignés encore situés à l'est de Tachkent, qui démontrent que la formation aurifère s'étend sur ces vastes pays récemment englobés dans la sphère d'influence russe. On passe ensuite aux régions aurifères importantes de la Sibérie Centrale, aux bassins de l'Obi et du Tom, puis à celui de l'Yénisséi qui comporte deux groupes, celui au Sud de Krasnoïarsk et celui de la Moyenne et Haute Tongouska.

On franchit enfin le Baïkal pour entrer : au Nord, dans le bassin de la Léna, avec les riches placers de l'Olekma et du Vitim; au Sud, dans la Transbaïkalie, avec ses systèmes aurifères de l'Onon, de l'Ud et de la Chilka, à l'Est enfin dans le bassin de l'Amour avec ses affluents aurifères, la Zéya, la Bouréya, l'Oussouri et l'Amgoun.

Caractères généraux de ces gisements. — Sur tout ce parcours, de plus de 7000 verstes de développement, les placers aurifères présentent un caractère d'uniformité remarquable. Ils se trouvent tous dans des terrains anciens, schistes, micaschistes ou terrains éruptifs et cristallins, indiquant ainsi que leur origine doit être exclusivement attribuée à la période azoïque, ou tout au plus à l'époque Silurienne. De plus, si l'origine de l'or paraît devoir être rapportée à ces périodes anciennes, la formation des placers est au contraire très récente et ces dépôts secondaires se sont effectués à une époque où les vallées actuelles, ainsi que l'orographie générale de la contrée, différait peu de celle d'aujourd'hui[1]. Il résulte de ce fait que les alluvions sibériennes se trouvent au fond des vallées actuelles, ayant très peu de pente longitudinale et recouvertes par des alluvions plus récentes encore et par de la tourbe ou des végétaux aquatiques.

Différences avec les alluvions californiennes. — On voit que ces caractères différencient nettement les alluvions Sibériennes des placers Miocènes de la Californie par exemple, qui ont été formés sous un

(1) On a trouvé dans ces alluvions : Elephas primigenius, Rhinoceros tichorinus, etc., ce qui classe ces dépôts parmi ceux de l'époque post-tertiaire.

régime orographique si différent du relief actuel du sol que, dans la plupart des cas, les lits des anciennes rivières aurifères se trouvent non seulement beaucoup au-dessus des thalwegs des vallées actuelles, mais encore recoupent ces dernières à angle droit.

Il est intéressant de rechercher si une uniformité aussi remarquable dans la constitution des placers sibériens ne correspond pas à une uniformité comparable dans leur genèse ou tout au moins à l'existence de caractères généraux communs à tous les gîtes aurifères primitifs dont ces placers sont les témoins visibles.

Théorie de la venue aurifère.

Il est peut-être prématuré de tenter un essai de ce genre, car les matériaux sont encore rares, surtout en ce qui concerne les régions que j'ai visitées à l'Est du Baïkal. Nombreux sont les placers exploités dans cette région; rares sont ceux où il a été fait quelques travaux autres que ceux strictement nécessaires pour sonder les alluvions et abattre les matières aurifères. L'esprit public et le goût des chercheurs ne sont pas encore tournés du côté de l'exploitation des filons et par conséquent de la recherche des origines. Il y a cependant des exceptions, notamment en Transbaïkalie, où il existe déjà deux moulins à or en activité et une exploitation de filons aurifères pour les alimenter. D'autres recherches sont en train de s'exécuter. J'ai pu visiter les unes et les autres et noter ainsi certains faits, qui, rapprochés de mes observations sur le terrain, dans l'Oural, dans les autres régions de la Sibérie Orientale, forment un ensemble de considérations qui ont donné naissance à cette Note.

Formation aurifère de l'Oural. — Pour l'Oural, région exploitée depuis de longues années déjà, les observations locales et la littérature relative à la formation aurifère s'accroissent chaque jour de nouveaux éléments. Je me bornerai à rappeler que dans cette région, la formation classique se compose de schistes chloriteux, argileux ou talqueux traversés par des filons d'une roche éruptive, nommée *bérézite*, qui n'est autre qu'un *granit* dans lequel l'*élément feldspath a disparu*, laissant

uniquement dans la roche restante, le quartz et le mica blanc, éléments
constitutifs de la bérézite.

Les filons de bérézite ont une épaisseur variant depuis 4 mètres
jusqu'à 40 mètres. Des veines de quartz en nombre considérable, recoupent ces filons. Leur puissance est de 3 centimètres en moyenne. Ces
veines sont distribuées en faisceaux, séparés par des intervalles plus .
ou moins grands et elles ont une direction perpendiculaire à celle des
filons de bérézite. Ce sont en un mot des *fissures de retrait*, qui ne
se continuent pas dans les schistes encaissants ou bien, dans le cas
contraire, il y a discontinuité entre les deux formations.

Toutes ces veines quartzeuses et spathiques sont aurifères. L'or y est
accompagné par de la pyrite, des ocres ferrugineuses et de l'hématite
brune provenant de la décomposition des pyrites. Les parcelles d'or sont
disséminées dans la masse du quartz et de l'hématite, rarement dans les
autres minéraux accessoires des filons, qui sont en grand nombre,
chalcopyrite, galène, etc. Ce sont de beaucoup les filons contenus
dans la bérézite qui sont les plus minéralisés.

Les bérézites et parfois les schistes encaissants renferment aussi de
l'or ; de telle sorte que les veines quartzeuses et spathiques apparaissent comme ayant concentré le métal qui imprégnait primitivement
la masse totale de la roche. Les gisements de cette nature, c'est-à-dire
ceux où l'or est disséminé dans la roche mère, ont fait l'objet de quelques recherches, mais, en général, la teneur n'est pas suffisante pour
permettre une exploitation régulière. C'est ainsi que les bérézites des
mines Uspien et Kionetzeff ne tiennent que 2 gr. 366 d'or par tonne de
minerai. Les micro-granulites de Pisminskagora ont une teneur variant
de 0 gr. 65 jusqu'à 10 grammes à la tonne et les serpentines au contact
de ces microgranulites tiennent 1 gr. 30 à 2 gr. 34 à la tonne, etc.

Formation aurifère en Sibérie Orientale. — Nous allons voir une
roche analogue à la bérézite, c'est-à-dire une *roche dérivée du granit
initial par disparition d'un de ses éléments*, jouer un rôle minéralisa-
teur tout à fait analogue à celui de la bérézite dans l'Oural. Cette roche
est l'*aplite*, c'est-à-dire un *granit sans mica*, dont j'ai donné une
description détaillée à propos des mines de l'Onon.

On peut, sur les filons de cette roche, reproduire textuellement la description donnée ci-dessus des filons de quartz dans la bérézite, avec cette différence que l'action minéralisante a été infiniment plus forte en Sibérie Orientale que dans l'Oural et que les filons de quartz aurifère y atteignent des épaisseurs moyennes supérieures à une archine, au lieu de quelques centimètres.

En ce qui concerne la teneur en or de la roche encaissante, de l'aplite, je me suis livré à une étude intéressante en prenant comme exemple une aplite très chargée de pyrite de fer non décomposée provenant de la galerie n° 1 de la mine de Baïan-Zourga (système de l'Onon).

Voici les résultats de l'analyse faite sur cette roche :

Quantité de pyrite contenue : 5 kilog. par tonne.

Teneur en or du tout-venant : 0 gr. 30 par tonne.

Conclusions. — La présence de l'or dans l'aplite et dans la bérézite, toutes deux roches dérivées du granit par absence d'un des éléments constitutifs, indiquant par conséquent *une fin de période d'éruption*, permet de penser que l'or est arrivé en même temps que ces roches probablement à l'état de combinaison avec la pyrite de fer. Il s'est isolé au sommet des filons pendant que le fer passait à l'état d'oxyde et s'est concentré avec la silice dans les fentes de retrait dues au refroidissement de la masse ignée, aussi bien que dans celles produites dans les schistes encaissants par le soulèvement consécutif à l'émission de ces masses ignées.

Fentes de retrait, fentes de refroidissement dans les schistes. — Le refroidissement a dû en effet affecter également les schistes encaissants, fortement chauffés et métamorphisés au contact de la roche éruptive. Il s'y est produit des fentes de retrait qui ont été aussi remplies de quartz aurifère. On aurait ainsi l'explication de cette multitude de filets de quartz qu'on observe dans les schistes métamorphiques, en dehors des fentes ou filons quartzeux aurifères, adventifs ou parallèles. D'après l'origine que je viens d'indiquer, les veines quartzeuses observées dans les schistes ne continuent pas obligatoirement celles qui se trouvent dans la roche mère. Leur remplissage est commun, mais la cause de leur formation est différente. C'est en effet ce qu'on observe.

Conséquences pratiques de cette théorie. — Plusieurs faits viennent confirmer cette façon de comprendre l'origine de la formation aurifère de la Sibérie. C'est d'abord la diminution de richesse en profondeur que l'on a constatée dans presque tous les travaux d'exploitation dans l'Oural et à laquelle il faut très probablement s'attendre, en Sibérie Orientale. Cette théorie tend à prouver qu'on ne trouvera plus d'or natif au-dessous de la zone où le fer s'est transformé en oxyde. Comme conséquence, il faut prévoir dans les projets d'appareils de traitement des minerais, des emplacements pour l'addition ultérieure, lorsque l'exploitation atteindra la zone non oxydée, des appareils propres à recueillir et à traiter les pyrites contenant l'or encore combiné.

Disons enfin que l'aplite se présente fréquemment, surtout au voisinage des filons de quartz, comme une roche altérée, transformée en une masse argileuse blanche ou rougeâtre, caractéristique. Ailleurs, la roche, tout en ayant conservé sa dureté, a perdu néanmoins une notable proportion de la silice qu'elle contenait. Les vides, quelquefois remplis par des ocres ferrugineuses, attestent la décomposition de la pyrite de fer en hématite brune, qui a disparu à son tour plus tard.

J'espère avoir clairement fait ressortir le rôle, capital selon moi, joué par les phénomènes de *concentration postérieure à la formation*, dans la formation aurifère Sibérienne. Qu'il s'agisse de roches pseudo-granitiques, telles que l'aplite et la bérézite, ou de roches plus basiques, porphyres et serpentines, le phénomène de la venue de l'or reste le même. Le métal précieux venu contemporainement à l'éruption de ces roches, en combinaison soit avec la pyrite de fer, soit d'après les plus récentes recherches, avec la silice elle-même, s'est déposé *par ségréga tion*, dans les fentes occasionnées soit par le retrait naturel de la masse ignée, soit dans celles produites dans le terrain encaissant par le soulèvement qu'a causé l'éruption elle-même.

On trouvera à la fin de cet ouvrage, page 180, planche XIV, une esquisse géologique de la Sibérie Orientale, sur laquelle j'ai figuré les résultats de mes travaux personnels en Transbaïkalie, pendant mon voyage de 1895, raccordés avec les levés qui accompagnent le beau travail de M. Batzévitch sur la géologie des Provinces Amouriennes.

ANNEXE D

EXPLOITATION MINIÈRE ET MOULIN A OR DE LA COMPAGNIE BELOGOLOWY

Situation. — Ces exploitations sont situées dans la vallée du Bas-Khangarok, à 3 verstes à vol d'oiseau, à l'Est du placer Blagoviestchensk. Le col qui sépare les deux vallées est à 145 mètres au-dessus de la maison d'Administration de la Compagnie de l'Onon. Les travaux sont concentrés dans la concession Iévgrafsky, appartenant à la Cⁱᵉ Belogolowy.

La mine est située près du col, mais sur le versant du Moyen Khangarok, de sorte que les minerais ont à remonter par charrettes jusqu'à ce col pour descendre ensuite dans la plaine du Bas Khangarok où se trouvent les deux moulins à or de la Compagnie, chacun de 24 pilons. Ce transport par charrettes à 4 roues portant chacune 250 kilogrammes, est très coûteux. On est en train de faire un percement à travers la montagne pour sortir les minerais sur le flanc sud du col et éviter ainsi la remontée et on se propose ensuite de les conduire par rail aux moulins. Malheureusement, comme on va le voir, il ne reste que bien peu de minerai visible dans le filon exploité, pour autoriser de pareils frais.

La figure 1 de la planche XIII donne une idée de la disposition générale des lieux. (Voir page 176).

Moulins à or. — Les deux batteries de 24 pilons sont d'un type tout à fait arriéré. Les flèches des pilons sont en bois, ainsi que les auges des mortiers. Les pilons sont légers (160 kilgr.) et lents (45 coups par minute). Les dés et enclumes sont en fonte. Ces dernières, d'une seule pièce, sont très difficiles à manier et font perdre beaucoup de temps lors des nettoyages bi-hebdomadaires, à l'un desquels j'ai assisté.

Le minerai, étant tendre et formé d'un mélange de quartz en petites veines dans une salbande schisteuse décomposée, ne demande pas de concassage préalable. Les pilons sont alimentés à la pelle et non par distributeur automatique. Lorsque les morceaux de quartz provenant de veines un peu épaisses, sont chargés tels quels, le pilon, vu leur poids trop faible, les refuse et ces morceaux durs, arrondis par les chocs répétés, finissent par engorger le mortier.

Amalgamation. — Les pilons sont suivis par des plaques de cuivre amalgamé de 3 mètres de longueur, ayant 6 degrés de pente, sur lesquelles s'arrête la majeure partie de l'or. On verse cependant déjà du mercure dans les mortiers. De là, la pulpe passe sur des sluices de 12 mètres de longueur sur 2 mètres de large, garnis de drap pour retenir l'amalgame. On nettoie ces draps toutes les vingt-quatre heures et les matières qui en proviennent sont lavées à la batée.

Richesse et traitement des tailings. — Les résidus, après avoir passé sur les sluices à drap, sont mis en tas aux tailings. Ils contiennent encore 2 zolotniks d'or libre. A l'époque de mon passage, on se préoccupait de reprendre ces matières et on construisait à cet effet une meule à axe vertical suivie d'un sluice amalgamateur pour tâcher d'extraire encore quelque chose de ces résidus. L'or combiné sera néanmoins complètement perdu, rien n'étant prévu pour « sauver » les pyrites.

Mine. — On exploite un filon *adventif* dépendant du granit, c'est-à-dire un filon quartzeux, situé entièrement dans les schistes qu'il recoupe nettement, mais dans le voisinage du granit. Ce dernier affleure sur une vaste surface à l'entrée des travaux.

Il existe trois galeries principales dites nᵒˢ 1, 2 et 3. La galerie nᵒ 3 a servi à exploiter toute la partie qui se trouvait près de la surface.

Ouverture d'un travers-bancs. — La galerie nᵒ 1 a été arrêtée à peu de distance de son entrée, au milieu du granit. Le nᵒ 2 a traversé le granit et recoupé le filon aurifère en plein schiste. C'est par cette galerie que s'est faite la presque totalité de l'exploitation dans ces dernières années. Ce niveau, prolongé de 500 mètres vers le sud, viendra percer sur le versant du Khangarok-Inférieur et améliorera beaucoup les transports. A l'époque de ma visite il ne restait plus que 17 sagènes à percer pour achever cet important travail.

Préparation des niveaux inférieurs. — Malheureusement il vient trop tard ; la presque totalité du minerai exploitable situé au-dessus de ce niveau étant épuisé, il faut chercher en profondeur. A cet effet, on a préparé un plan incliné, à double voie, qui desservira un nouvel étage inférieur de 20 sagènes de hauteur verticale. En même temps, on perce les descenderies d'aérage et de traçage de ce nouveau massif en y faisant même quelques abatages dans les parties les plus riches, les moulins demandant impérieusement à être approvisionnés.

Absence de chantiers en réserve. — En un mot, la mine manque non seulement de travaux préparatoires, mais aussi de réserves de minerai. Les moulins sont constamment à court de matières premières. Je ne vois pas comment ce retard pourrait être rattrapé autrement qu'en arrêtant les moulins et en faisant à la mine une avance importante de capital.

Faible développement de l'aplite. — Il est à remarquer que l'aplite, qui joue un rôle si important à Baïan-Zourga, n'apparaît dans les mines de la Cie Belogolowy que superficiellement. Elle forme un affleurement très visible au Sud-Est de l'entrée de la galerie n° 2, à environ 300 mètres. Les nombreux filons et filets de quartz que renferme le granit, ne donnent que des teneurs inexploitables de 2 ou 3 zolotniks. La richesse s'est ici nettement concentrée uniquement dans le filon adventif, et même dans ce dernier, elle s'est localisée de préférence dans les salbandes

Je donne, pour terminer cette note, un croquis du filon de la concession Iévgrafsky, indiquant la position du filon adventif par rapport au granit, ainsi qu'un plan approximatif des travaux souterrains, avec indication de la puissance du filon. On voit au premier coup d'œil qu'il est formé d'un chapelet de renflement et d'amincissement et que sa longueur exploitable ne dépasse pas 80 mètres.

Les éléments de ce filon sont les suivants :

Direction . . . .   Nord 58° Ouest
Pendage . . . .   60° Nord

Fig.1. Plan d'ensemble

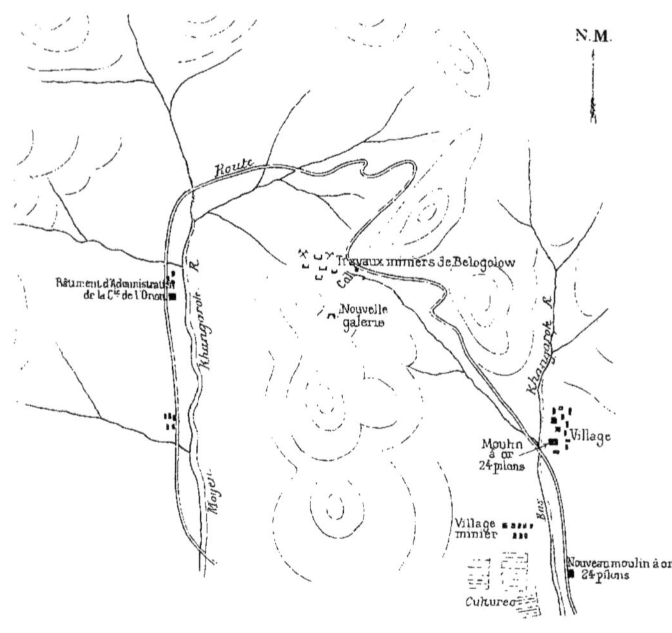

Fig.2. Coupe

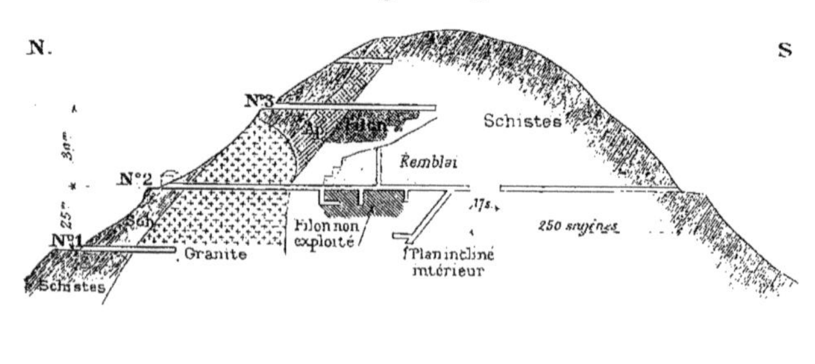

…VGRAFSKY (Cie BELOGOLOW)

Pl. XIII

…sur la Vallée
…Khangarok

Fig. 3. Plan

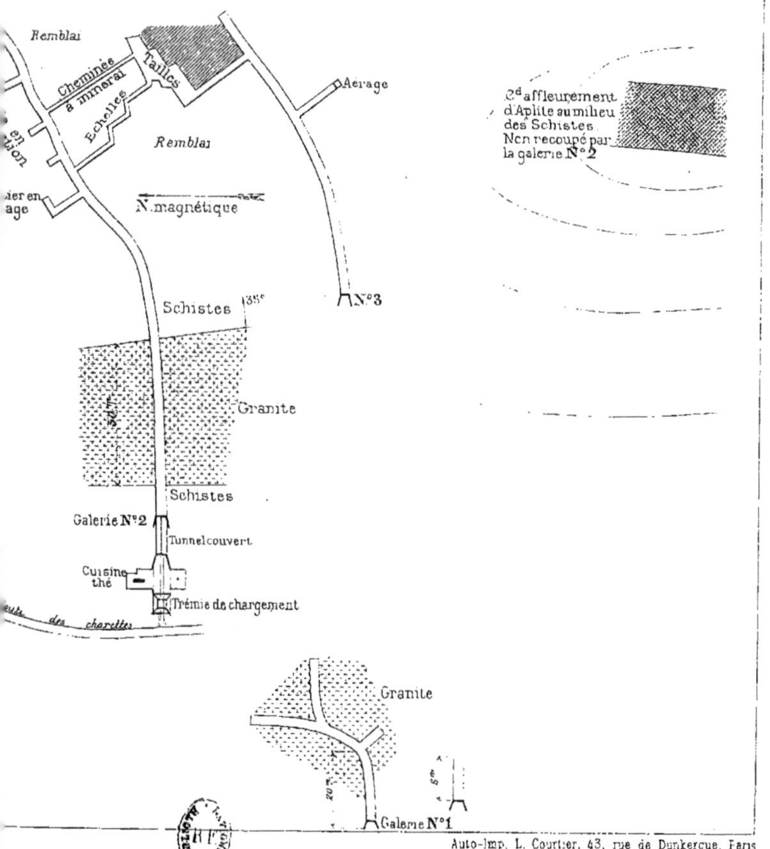

Auto-Imp. L. Courtier, 43, rue de Dunkerque, Paris.

ANNEXE E

NOTE SUR LE DRAGAGE DES ALLUVIONS AURIFÈRES
EN NOUVELLE ZÉLANDE

Cette drague a été décrite dans l'intéressant ouvrage sur l'Industrie de l'Or à l'Etranger, de M. l'Ingénieur Perré (écrit en russe, imprimé à Saint-Pétersbourg en 1895)[1]. Voici quelques renseignements économiques et techniques sur cet appareil. Le Waiapori, cours d'eau sur lequel il est installé, est une petite rivière courant dans une vallée entourée de collines. Le dépôt aurifère se trouve à une assez grande profondeur et sous le lit même de la rivière. L'or ne repose pas sur le bed-rock, qui se trouve à une grande profondeur. Il se rencontre sur un horizon bien net, au-dessus d'un faux fond formé par un sable grossier.

Type de drague employé. — La drague est d'un type ordinaire, à godets ; la rivière n'aurait pas une profondeur suffisante pour la porter, mais l'appareil se fait à lui-même son bassin par le dragage du lit aurifère. La capacité de cette drague est de 125 à 130 pieds cubes par heure, soit environ 45 mètres cubes. C'est donc une drague relativement faible. J'en ai donné le dessin à la planche VII, page 94.

Manœuvre par treuils. — Les mouvements du ponton s'obtiennent par la manœuvre de 4 treuils à vapeur attelés sur les 4 amarres en croix qui relient le ponton à la terre et qui permettent de lui donner, par la simple manœuvre du mécanicien, toutes les positions que nécessite le travail.

Les godets déchargent directement dans un trommel formé de barres de fer rond. Sa forme est cylindrique. Les matières fines vont directe-

---

1. Voir aussi dans les « Transactions of the American Institute of Mining Engineers » de 1892 un important article sur cette question du dragage, intitulé : « Alluvial Mining in Otago », par M. T. Rickard.

ment aux tables, le gros passe dans un autre trommel formé de tôles per-
forées qui sépare les gros graviers et les cailloux ; ces matières tombent
dans une culotte en tôle. Les matières fines se rendent sur un sluice
placé sur l'axe de la drague et déversant ses résidus dans le lit précédemment excavé de la rivière.

Voici les dimensions de ce sluice ·

Longueur.	50 pieds
Largeur.	5 —
Hauteur de l'eau dans le sluice. .	8 pouces

Coût d'une opération pendant le cours d'une année :

I. Changements et réparations	₤ 222.	9.	1
II. Salaires	1192.	16.	4
III. Ateliers.	272.	9.	5
IV. Charbon (à raison de 55 sh. par tonne). .	507.	12.	
V. Bois à brûler (35 sh. par corde).	377.		
	2572.	6.	10
VI. Rente au gouvernement (10 shellings par acre)	295.		
Total général des frais . .	₤ 2865.	6.	10 ·

Analyse des frais. — Voici quelques détails sur ces éléments de
dépenses :

I. Ces réparations consistent principalement en dents des godets et
en axes de la chaine. Quant aux godets eux-mêmes, leur durée moyenne
est de deux années ; les axes auxquels ils sont attachés sont la partie
qui souffre le plus. Leur durée moyenne ne dépasse pas trois mois.

II. *Salaires.* — Le personnel proprement dit de la drague comporte
5 hommes et 2 gamins par vingt-quatre heures, car la drague fonctionne
jour et nuit. Il y a deux postes de douze heures composés comme suit :

> 1   machiniste et chauffeur,
> 1   manœuvre pour les treuils,
> 1   (de jour seulement) pour l'approchage du bois,
> 1   gamin à la surveillance des tables.

Report = 4   hommes de jour et 3 de nuit, total 7,

    plus : 1   surveillant chef de la drague,

          1   forgeron à l'atelier, pour les réparations,

          1   gamin, aide du forgeron.

Total général 10 hommes employés sur le chantier.

III. *Ateliers.* — Le prix indiqué comprend l'installation d'une baraque pour la forge sur le bord de l'excavation; à cette forge sont attenants le bureau et un dépôt d'outils.

Pendant la première année d'exercice, on a perdu deux mois pour le montage de l'appareil. La valeur de la production d'or des dix mois restants a atteint le chiffre de £ 3095.3.6.

Prix d'achat de la drague £ 3380.14.3.

En moyenne, les frais hebdomadaires de cette drague sont les suivants :

Salaires	£ 30
Combustible	20
Réparations	15
	65

Voici un tableau donnant une idée des conditions dans lesquelles s'exécute le dragage :

ÉPOQUE	PROFONDEUR du DRAGAGE	CUBE EXTRAIT	OR PRODUIT	DURÉE du TRAVAIL	COMBUSTIBLE EMPLOYÉ (bois)	RENDEMENT EN DOLIS aux 100 pouds
	Pieds	Yards	Oz.	Heures	Cordes	
1re semaine.	10	8.400	21^{oz}.16. 0	140	10	$3\frac{1}{8}$
2e —	13	8.400	33 .13.18	126	10	$4\frac{3}{8}$
3e —	13	7 560	29 .12	126	$10\frac{1}{2}$	$4\frac{3}{8}$

Résultats actuels. — Au début des travaux, la drague travaillait dans les déblais d'exploitations antérieures; dès qu'elle a atteint l'alluvion vierge, le rendement hebdomadaire s'est élevé à 50 onces par semaine (environ 3 livres 76 zolotniks, en poids russe), correspondant à une teneur moyenne de 5 dolis aux 100 pouds.

Cette drague paraît donner toute satisfaction ; elle est bien adaptée au travail qui lui est assigné. Les frais de traitement sont faibles, le capital immobilisé est peu important, la surface du placer est très vaste et le danger d'inondation nul.

Profondeur du dragage. — La profondeur du dragage varie entre 10 et 15 pieds. La présence du « faux-fond » en sable grossier facilite beaucoup l'enlèvement de la totalité de l'alluvion payante sans danger de rupture pour les godets. Il n'en serait pas de même s'il fallait draguer directement sur le bed-rock.

Rendement. — Le point faible de cette installation, c'est le rendement en or retenu sur les tables. Il n'est pas douteux que plus de la moitié retourne à la rivière. Les dimensions du sluice sont beaucoup trop faibles pour permettre, sur le court trajet qu'il présente, la séparation de l'or d'avec les lourds sables titanifères qui l'accompagnent.

Les dragues sont des instruments puissants d'excavation, mais elles exigent des sections de sluice proportionnelles au cube extrait, ce qui n'est pas le cas pour l'appareil que je viens de décrire.

On construit actuellement à Dunedin des dragues excavant 100 mètres cubes par heure. De tels appareils exigent des sections d'écoulement très vastes pour les alluvions, additionnées de 8 à 10 fois leur volume d'eau, si on veut obtenir une séparation à peu près convenable de l'or sur le parcours réduit du sluice.

La drague Welman (drague à succion) qui déverse sur une table de 24×30 pieds avec une inclinaison de $\frac{3}{4}$ de pouce par pied, est bien étudiée à ce point de vue. J'ai dit les raisons pour lesquelles elle avait mal réussi en Sibérie, mais elle constitue un bon exemple pour ce qui est relatif à la section des sluices et à la distribution régulière de la masse boueuse qu'il s'agit de faire couler à sa surface.

Malgré ces conditions améliorées, il faut employer le mercure sur les tables de queue pour ne pas perdre trop d'or fin.

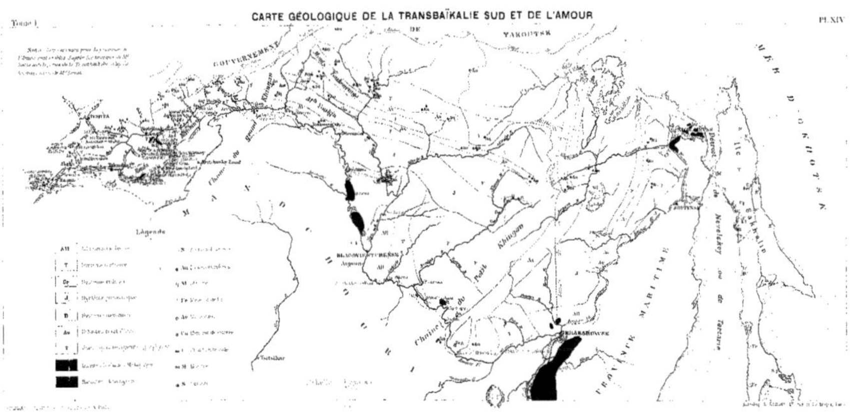

Tome I.
CARTE GÉOLOGIQUE DE LA TRANSBAÏKALIE SUD ET DE L'AMOUR
Pl. XIV.
GOUVERNEMENT DE YAKOUTSK
MER D'OKHOTSK
Légende
BLAGOVESTCHENSK
KHABAROVKA
FRONTIÈRE MARITIME
M A N D C H O U R I E

POIDS ET MESURES RUSSES

ET DÉCIMAUX

I. — Poids.

L'unité de poids est la *livre russe* de 409 gr. 5174.

En voici les multiples :

1 poud	= 40 livres. = 16 kg. 380.
1 berkowetz	= 10 pouds. = 163 kg. 806.
1 tonne	= 6 berkowetz. = 60 pouds = 982 kg. 841.
1 last (de navire)	= 2 tonnes = 1965 kilog.

et les sous-multiples :

1 livre	= 96 zolotniks. = 409 gr. 5174.
1 zolotnik	= 96 dolis. = 4 gr. 266.

Voici les tableaux de transformation de ces diverses unités en poids décimaux.

MULTIPLES DE LA LIVRE RUSSE.

LIVRES	KILOGRAMMES	LIVRES	KILOGRAMMES	LIVRES	KILOGRAMMES	LIVRES	KILOGRAMMES
1	0kg,409	11	4kg,504	21	8kg,599	31	12kg,695
2	0kg,819	12	4kg,914	22	9kg,009	32	13kg,104
3	1kg,228	13	5kg,523	23	9kg,418	33	13kg,514
4	1kg,638	14	5kg,733	24	9kg,828	34	13kg,923
5	2kg,047	15	6kg,142	25	10kg,237	35	14kg,333
6	2kg,457	16	6kg,552	26	10kg,647	36	14kg,742
7	2kg,866	17	6kg,961	27	11kg,056	37	15kg,152
8	3kg,276	18	7kg,371	28	11kg,466	38	15kg,561
9	3kg,685	19	7kg,780	29	11kg,876	39	15kg,971
10	4kg,095	20	8kg,190	30	12kg,285	40	16kg,580=1 poud.

MULTIPLES DU POUD.

POUDS	KILOGRAMMES	POUDS	KILOGRAMMES
1	16kg,380	6	98kg,284
2	32kg,761	7	114kg,664
3	49kg,142	8	131kg,045
4	65kg,522	9	147kg,426
5	81kg,903	10	163kg,806 = 1 berk.

MULTIPLES DU BERKOWETZ.

BERKOWETZ	KILOGRAMMES	BERKOWETZ	KILOGRAMMES
1	163kg,806	4	655kg,227
2	327kg,613	5	819kg,034
3	491kg,420	6	982kg,841 = 1 tonne

SOUS-MULTIPLES DE LA LIVRE.

ZOL.	GRAMMES	ZOL.	GRAMMES	ZOL.	GRAMMES	ZOL.	GRAMMES	ZOL.	GRAMMES
1	4gr,266	21	89gr,586	41	174gr,906	61	260gr,210	81	345gr,546
2	8gr,532	22	93gr,852	42	179gr,172	62	264gr,476	82	349gr,812
3	12gr,798	23	98gr,118	43	183gr,438	63	268gr,742	83	354gr,078
4	17gr,064	24	102gr,384	44	187gr,704	64	273gr,006	84	358gr,344
5	21gr,330	25	106gr,650	45	191gr,970	65	277gr,272	85	362gr,610
6	25gr,596	26	110gr,916	46	196gr,236	66	281gr,538	86	366gr,876
7	29gr,868	27	115gr,182	47	200gr,502	67	285gr,804	87	371gr,142
8	34gr,128	28	119gr,448	48	204gr,753	68	290gr,060	88	375gr,408
9	58gr,394	29	123gr,716	49	209gr,019	69	294gr,386	89	379gr,674
10	42gr,660	30	127gr,980	50	213gr,285	70	298gr,692	90	383gr,940
11	46gr,926	31	132gr,846	51	217gr,551	71	302gr,858	91	388gr,206
12	51gr,188	32	136gr,512	52	221gr,816	72	307gr,124	92	392gr,472
13	55gr,254	33	140gr,778	53	226gr,082	73	311gr,390	93	396gr,738
14	59gr,520	34	145gr,064	54	230gr,348	74	315gr,656	94	401gr,004
15	63gr,786	35	149gr,330	55	234gr,614	75	319gr,922	95	405gr,270
16	68gr,052	36	153gr,596	56	238gr,880	76	324gr,188	96	409gr,517
17	72gr,318	37	157gr,862	57	243gr,146	77	328gr,254		= 1 livre
18	76gr,584	38	162gr,128	58	247gr,412	78	332gr,520		
19	80gr,850	39	166gr,394	59	251gr,678	79	336gr,788		
20	85gr,320	40	170gr,640	60	255gr,964	80	341gr,232		

SOUS-MULTIPLES DU ZOLOTNIK.

DOLIS	GRAMMES	DOLIS	GRAMMES	DOLIS	GRAMMES	DOLIS	GRAMMES
1	0gr,044	25	1gr,110	49	2gr,177	73	3gr,243
2	0gr,088	26	1gr,155	50	2gr,221	74	3gr,288
3	0gr,133	27	1gr,199	51	2gr,266	75	3gr,332
4	0gr,177	28	1gr,244	52	2gr,310	76	3gr,377
5	0gr,222	29	1gr,288	53	2gr,355	77	3gr,411
6	0gr,266	30	1gr,333	54	2gr,399	78	3gr,466
7	0gr,311	31	1gr,377	55	2gr,444	79	3gr.510
8	0gr,355	32	1gr,422	56	2gr,488	80	3gr,555
9	0gr,399	33	1gr,466	57	2gr,522	81	3gr,599
10	0gr,444	34	1gr,510	58	2gr,577	82	3gr,644
11	0gr,448	35	1gr,555	59	2gr,621	83	3gr,688
12	0gr,533	36	1gr,599	60	2gr,666	84	3gr,733
13	0gr,577	37	1gr,644	61	2gr,710	85	3gr,777
14	0gr,622	38	1gr,688	62	2gr,755	86	3gr,822
15	0gr,666	39	1gr,733	63	2gr,799	87	3gr,866
16	0gr,711	40	1gr,777	64	2gr,844	88	3gr,910
17	0gr,755	41	1gr,821	65	2gr,888	89	3gr,955
18	0gr,799	42	1gr,866	66	2gr,935	90	3gr,999
19	0gr,844	43	1gr,910	67	2gr,977	91	4gr,044
20	0gr,888	44	1gr,955	68	3gr,022	92	4gr,088
21	0gr,933	45	1gr,999	69	3gr,066	93	4gr,133
22	0gr,977	46	2gr,044	70	3gr,110	94	4gr,177
23	1gr,022	47	2gr,088	71	3gr,155	95	4gr,222
24	1gr,066	48	2gr,133	72	3gr,199	96	4gr,266 = 1 zolot.

II. — Mesures de longueur.

Pied russe   = pied anglais = 0m,504.79.
Archine   = 16 verchoks = 0m,711.19.
Sagène   = 3 archines = 2m,133.56.
1 sagène = 3 archines = 7 pieds = 48 verchoks = 840 lignes.
Verste   = 500 sagènes = 1066m,78

MULTIPLES DU VERCHOK.

VERCHOKS	MÈTRES	VERCHOKS	MÈTRES	VERCHOKS	MÈTRES	VERCHOKS	MÈTRES
1	0^m,044.449	13	0^m,577	25	1^m,111	37	1^m,644
2	0^m,088	14	0^m,622	26	1^m,155	38	1^m,689
3	0^m.133	15	0^m,666	27	1^m,200	39	1^m,735
4	0^m,177	16 = 1 arch.	0^m,711	28	1^m,244	40	1^m,777
5	0^m,222	17	0^m,755	29	1^m,289	41	1^m,822
6	0^m,266	18	0^m,800	30	1^m,333	42	1^m,866
7	0^m,311	19	0^m,844	31	1^m,377	43	1^m,911
8	0^m,355	20	0^m,888	32 = 2 arch.	1^m,422	44	1^m,955
9	0^m,400	21	0^m,933	33	1^m,466	45	2^m,000
10	0^m,444	22	0^m,977	34	1^m,511	46	2^m,044
11	0^m,488	23	1^m,022	35	1^m,555	47	2^m,089
12 = $\frac{1}{4}$ sag	0^m,533	24 = $\frac{1}{2}$ sag.	1^m,066	36 = $\frac{3}{4}$ sag.	1^m,600	48 = 1 sag. = 3 arch.	2^m,133.3f

MULTIPLES DU PIED.

PIEDS	MÈTRES	PIEDS	MÈTRES
1	0^m,304	5	1^m,523
2	0^m,609	6	1^m,828
3	0^m,914	7	2^m,133 = 1 sagène = 3 archines
4	1^m,219		

III. — Mesures de superficie.

1 déciatine   = 2400 sagènes carrées = 109 ares 25.
1 sagène carrée = 4^{m2},55.20.85.

IV. — Mesures de capacité.

I. — *Pour les grains.*

Tchetvert = 2^{hectol},09726 (soit 210 litres à $\frac{1}{4}$ 0/0 près).
Tchetverik = 26^{lit},2175.
Garnetz   = 3^{lit},2797.
1 Tchetvert = 2 osmine = 8 tchetverik = 32 tchetverka = 64 garnetz.

II. — *Pour les liquides.*

Vedro   = 12^{lit},229.
Botchka = 40 vedros = 491^{lit},940.

III. — *Pour les bois de chauffage.*

On vend, à la *sagène carrée*, des bûches ayant 1 archine ou $\frac{3}{4}$ d'archine de longueur.

1 sagène de bois (de 1 archine)   = 3^{m3},13.65.
1   —   —   (de $\frac{3}{4}$ d'archine) = 2^{m3},35.24.

IV. — *Pour les minerais.*

Sagène cube = 9^{m3},632.
Archine cube = 3^{m3},136.

En vertu d'un Ukase de 1870, les opérations de douane en Russie peuvent être effectuées avec les unités du système métrique.

———

V. — Teneur en or des minerais.

On estime la teneur en zolotniks et dolis aux 100 pouds (1638 kilogrammes) d'alluvions ou de minerai aurifère.

Comme le poids de 1 mètre cube de sable ou d'alluvions pèse, à très peu de chose près, 1650 kilogrammes, on peut, sans erreur appréciable, appliquer pour ces matières, la teneur aux 100 pouds à la teneur au mètre cube, en employant simplement le tableau de transformation en système décimal donné aux pages 186 et 187.

Pour les minerais, il est d'usage en France d'en estimer la teneur en grammes à *la tonne de* 1000 *kilogrammes.* Dans les pays anglais, la teneur s'exprime en onces à la tonne de 1016 kilogrammes.

Voici un tableau de transformation qui donne les teneurs en système décimal et aux 1000 kilogrammes, en face de celles en zolotniks et dolis aux 100 pouds, pour des teneurs comprises entre 0 et 50 zolotniks aux 100 pouds.

TABLE DE TRANSFORMATION DES TENEURS EN ZOLOTNIKS AUX 100 POUDS,
EN GRAMMES A LA TONNE.

TENEUR		TENEUR		TENEUR	
EN ZOLOTNIKS AUX 100 POUDS	EN GRAMMES A LA TONNE	EN ZOLOTNIKS AUX 100 POUDS	EN GRAMMES A LA TONNE	EN ZOLOTNIKS AUX 100 POUDS	EN GRAMMES A LA TONNE
1	2gr,601	11	28gr,613	21	54gr,623
2	5gr,203	12	31gr,214	22	57gr,224
3	7gr,804	13	33gr,815	23	59gr,825
4	10gr,406	14	36gr,416	24	62gr,426
5	13gr,007	15	39gr,017	25	65gr,027
6	15gr,608	16	41gr,618	26	67gr,628
7	18gr,209	17	44gr,219	27	70gr,229
8	20gr,810	18	46gr,820	28	72gr,830
9	23gr,411	19	49gr,421	29	75gr,431
10	26gr,012	20	52gr,032	30	78gr,032

BIBLIOGRAPHIE

Ouvrages en langue russe.

Maack. — *Voyage sur l'Amour* (deux volumes avec atlas,) Saint-Péters-bourg, 1859. Cet important ouvrage est le premier travail complet qui ait été publié sur la région. Il a servi de base à toutes les publications et recherches ultérieures.

Kropotkine. — *Esquisse générale de l'orographie de la Sibérie Orientale* (important travail paru à Saint-Pétersbourg, 1875).

V. Fuss. — *Résultats du nivellement de la Sibérie*, St-Pétersbourg, 1885.

Gal Venukof. — *Mémoires de la Société pour l'étude de l'Amour*, passim, et notamment une importante contribution sur les mines de la Transbaïkalie.

Krasnov. — Rapport sur les explorations géologiques du Tian-Chan (*Bulletin de la Société Impériale de géographie*, tome XXIII.

Bogolubsky. — *Historique des mines de la Transbaïkalie depuis leur origine jusqu'en 1890*, 1 vol. in-8°. Tchita.

De Vladivostok à l'Oural. Compte rendu du voyage de S. A. I. en Sibérie. Saint-Pétersbourg, 1891, passim.

Ivanof. — *Rapport* sur l'expédition minière dans la partie sud de la région de l'Oussouri (Journal des Mines, n° 8, pages 248 à 504, avec carte, 1891-92

Zaïtzev. — *Géologie du système méridional de l'Yénisseï* (Messager de l'Industrie de l'or, n°s 7 à 13 et 5 planches, 1891).

Daline. — *Nouvelles sur l'expédition de M. Ivanof*. Investigations dans le golfe d'Olga et la région de l'Oussouri (Gazette de Vladivostok, n° 51, 1892).

Kotzovsky. — *Description de divers placers dans la Transbaïkalie* (Messager de l'Industrie de l'or, n°s 1 à 10, 1892).

Obroutschef. — *Investigations géologiques dans la contrée des rivières Olekma et Vitim*. Travail important, paru dans les Comptes-Rendus de la

Société de Géographie (section Sibérie Orientale), tome XXIII, p. 1 à 27, avec un résumé en allemand.

STÉPANOF. — *Essai sur la géologie de la Transbaïkalie.* Mémoire important paru dans le Messager de l'Industrie de l'or de 1893 (épuisé).

KARPINSKY. — *Aperçu de l'état actuel des mines dans la Sibérie Orientale* (Messager de l'Industrie de l'or, nᵒˢ 3 à 5, 1895).

REUTOWSKY. — *Recherche de l'or.* L'ouvrage porte le caractère d'un manuel pratique. Position de l'or en filons et des placers. Composition des roches, sondages, etc. Tomsk, 1894. Éditeur, Makouchine.

ROMANOF. — *Calendrier sibérien.* Années 1894 et 1895. Tomsk, imprimerie Makouchine. Bonne publication, contenant de nombreux renseignements généraux et locaux.

BATZÉVITCH. — *Matériaux pour la connaissance de la géologie et de l'industrie minière dans les Provinces Amouriennes* (ouvrage important accompagné d'une esquisse géologique de la province de l'Amour), Saint-Pétersbourg, 1894.

PERRÉ. — *Industrie de l'or en Australie et en Nouvelle-Zélande*, Saint-Pétersbourg, 1895.

Ouvrages français.

FUCHS ET DE LAUNAY. — *Géologie appliquée.* Cet ouvrage didactique contient une bonne bibliographie générale sur l'or.

SACHOT. — *La Sibérie Orientale et l'Amérique Russe.*

VINAULT. — *Voyage fait en 1850 dans la Mandchourie Septentrionale.* Paris 1852.

Congrès International de Géographie de Paris, août 1875. Communication de M. Bogdanovitch.

RECLUS. — *Géographie universelle*, tome VI, passim.

LAURENT. — *Industrie de l'or dans l'Oural* (Annales des mines, 1890).

WEISS. — *Métallurgie de l'or dans l'Oural* (Mémoire manuscrit inédit, Bibliothèque de l'École des Mines de Paris).

CH. VELANI. — *Notes géologiques sur la Sibérie Orientale d'après les observations faites par M. Martin (Bulletin de la Société de Géologie, 3ᵉ série, tome XIV).*

Ouvrages anglais.

ATKINSON. — *Travels in the région of the Amur*. Londres, 1860.

II. LANSDELL. — *Proceedings of the geographical Society*, octobre 1880. Ce travail donne des renseignements sur les placers de la rivière Kara (système de la Chilka).

LOCK. — *The gold, its occurrence, etc.* (2 volumes, 1882 et 1887), passim.

ROTHWELL. — *Mineral industry*. Vol. I, II, III, 1892, 1893 et 1894, passim.

Transactions of American Institute of Mining Engineers. Passim et spécialement les vol. XVII à XXIII.

A. KEPPEN. — *The Industries of Russia, IV Mining and Metallurgy*. Ouvrage publié à l'occasion de l'Exposition internationale de Chicago 1895.

Ouvrages allemands.

SCHMIDT, VON GLEHN UND BRYLKINUS. — *Reisen in Amur*. Saint-Pétersbourg, 1868.

R. ANDREE. — *Das Amur gebiet*. Leipzig, 1876.

SHRENCK. — *Reisen und Forsuchungen im Amur*. 1854-56, dernière édition parue à Saint-Pétersbourg en 1876-77.

NEUMANN. — *Globus*, année 1874, n° 4. Cet ouvrage donne des renseignements sur l'orographie du Stanovoï.

MIDDENDORF. — *Sibirische Reise*. A consulter pour l'orographie des Provinces Amouriennes.

RADDE. — *Beiträge zur Kentnisse des Russischen Reiche*.

CARL RITTER. — *Asien*.

KREDNER. — *Sibirien und seine Bedentung für der Welthandel* (Article paru dans « Unsere Zeit », n° 7, 1880).

MAKEROFF. — *Geologische skizze der Goldfundorte in Gebiete des flusses Amur* (Zeitschrift Krystall, Min. Vol. XX, p. 187).

HOLMACKER. — *Gold von Sysertsk am Ural* (I. d. g. R. Wien, tome XXXII, page 1).

TABLE DES PLANCHES

Planche I. — **Districts aurifères et production d'or de la Sibérie en 1894, à l'échelle de $\frac{1}{7000000}$**   12

Planche II. — **Carte du bassin de l'Onon,** avec l'itinéraire de MM. Théodore Sabachnikoff et E. D. Levat, de Tchita aux placers de la Compagnie de l'Onon et de la Compagnie Daourskaïa   28

Planche III. — **Carte générale du district aurifère de l'Onon.** .   30

Planche IV. — **Profils des divers placers de l'Onon.**   48
    Fig. 1. Plan du placer Innokenticvsky.
    Fig. 2. Profil du placer Innokenticvsky.
    Fig. 3, 4, 5. Plan et coupes générales du district aurifère.
    Fig. 6. Profil du deuxième niveau (chantier Piatrowsky).
    Fig. 7, 8. Coupe et plan des filons du groupe Sud.

Planche V. — **Plan et coupes du grand filon d'Aplite.**   68
    Fig. 1. Plan général du filon.
    Fig. 2 à 6. Coupes diverses.

Planche VI. — **Plan des travaux miniers de Baïan-Zourga.** . . .   72

Planche VII. — **Application du dragage à l'exploitation des placers.**   94
    Fig. 1 et 2. Chantier de la Compagnie de la Zéya.
    Fig. 3 et 4. Drague de Waïapori (Nouvelle-Zélande).

Planche VIII. — **Sluice type de la Compagnie de la Zéya.**   96
    Fig. 1. Vue du sluice type.
    Fig. 2. Graphique de la température annuelle moyenne à Nertchinsk.

Planche IX. — **Placers de la Compagnie Daourskaïa** 134
    Fig. 1. Plan du placer Malamalsky en 1894.
    Fig. 2. Croquis géologique de la région comprise entre les
    rivières Bystra, Katika et Ildikan.
    Fig. 3. Coupe Est-Ouest des placers Malamalsky et Ildikan.

Planche X. — **Lavoir n° 1 de Malamalsky** 136
    Fig. 1, 2 et 5. Détails du sluice.
    Fig. 3. Vue d'ensemble du lavoir.
    Fig. 4. Coupe du grand chantier à ciel ouvert.

Planche XI. — **Placers de la Compagnie Daourskaïa** 140
    Plan du placer Yossifoff en 1894.

Planche XII. — **Chantiers souterrains du placer Malamalsky** . . 148
    Fig. 1. Coupe longitudinale d'un chantier souterrain.
    Fig 2. Vue de front d'un chantier souterrain.
    Fig. 3. Plan général d'un chantier souterrain.
    Fig. 4. Détails du dégelage au moyen du feu.
    Fig. 5. Plan général du traçage souterrain.

Planche XIII. — **Plan et coupe de la mine Iévgrafsky (Compagnie Belogolowy)** 176
    Fig. 1. Plan topographique.
    Fig. 2. Coupe géologique.
    Fig. 3. Plan des travaux miniers.

Planche XIV. — **Carte géologique de la Transbaïkalie Sud et de
l'Amour.** 180

TABLE DES MATIÈRES

Préface. — Introduction

Divisions du mémoire : I. Étude sur les mines et placers de la Compagnie de l'Onon. — II. Étude sur les placers de la Compagnie Daourskaïa. 8

CHAPITRE I

Considérations générales sur l'industrie de l'Or en Sibérie Orientale.

Production totale de l'Empire Russe. 11

Historique de cette production en Sibérie. 12

Situation en 1890. 14

Transformation des méthodes. 15

Mode de constitution des affaires aurifères en Sibérie Orientale. . . . 16

Principe des « Opérations » indépendantes. 17

Achat et transport de vivres. 17

Recrutement de la main-d'œuvre. 17

Exécution de la campagne d'été sur les placers. 18

Bilan de l' « Opération ». 19

Conséquences de ce système. 19

Absence d'immobilisations. 20

Premiers symptômes de transformation. 22

Recrutement du personnel technique. 23

Méthode à adopter dans l'application des perfectionnements. . . . 23

Conclusions de cet exposé. 24

Influence de la création du Transsibérien. 25

CHAPITRE II

Placers de la Compagnie de l'Onon.

Situation, itinéraires. 27
Topographie, Affluents aurifères. 28
Constitution géologique. 29
Nature des schistes. 30
Alignement granitique et filon d'aplite. 30
Description détaillée des placers de la Compagnie de l'Onon. 31

I. — GROUPE DE LA RIVIÈRE DU MOYEN KHANGAROK.

Placer Blagoviestchensk 32
Exploitation actuelle. 32
Résidus à laver une seconde fois. 32
Tableau donnant la production totale de ce placer. 33
Cube restant à relaver. Or contenu. 34
Terrains aurifères non touchés. 34
Exploration du deuxième niveau. 35
Sondages exécutés sur le deuxième niveau. 36
Importance du deuxième niveau. 38
Situation de l' « Opération » sur ce placer au 3 septembre 1895. . . 38
Placer Danielovsky. 39
Tableau donnant la production totale de ce placer. 39
Lignes d'enrichissement de ce placer. 40
Valeur de ce placer. 40
Placer Anninsky. 41
Placer Fédorowsky. 41
Tableau donnant la production totale de ce placer. 42
Avenir de ce placer. 42
Placer Vassiliévsky. 43
Tableau donnant la production totale de ce placer. 43
Travaux « Staratiéli ». Composition de l'alluvion. 43
Terrain libre en aval du placer. 44
Sondages dans la plaine. 45

II. — Groupe de la vallée du Baïan-Zourga.

Placer Novo-Alexandrovsky. 45
Tableau donnant la production totale de ce placer. 46
Position du placer. 46
Déblais à laver une deuxième fois. Or contenu. 47
Exploitation actuelle. Opération 1894-1895. 47
Approvisionnement d'eau. 48
Placers Iévdakiévsky, Margaritinsky, Kvartzévy, Supplément à Séra-
fimovsky. 48
Placer Sergiévsky. 50
Enrichissement par épanouissement. 50
Tableau donnant la production totale de ce placer. 50
Travaux souterrains. 51
Cube à repasser. Or contenu. 51
Placer Innokentiévsky. 51
Dépôt par élargissement. 51
Tableau donnant la production totale de ce placer. 52
Travaux souterrains. 52
Cube à relaver. Or contenu. 53
Placer Mikaïlovsky. 53
Tableau donnant la production totale de ce placer. 53
Parties vierges à exploiter. 54
Sondages au confluent. 54
Résumé et conclusions. Diminution constante de la teneur. 55
Chute de la production. 55
Moyens de relever la production. 55
Emploi de moyens mécaniques. 56
Organisation des recherches pour nouveaux placers. 56
Tableau donnant la production totale de la Compagnie de l'Onon, de
1868 à 1895. 56
Organisation actuelle des travaux. 57
Exploitation par entrepreneurs. 57
Tableau résumant la campagne d'été de 1895. 58
Du vol de l'or sur les placers. 60
Quantité d'or volée sur les placers. 60
Autres inconvénients des exploitations par entrepreneurs. 62
Conclusions. 63

CHAPITRE III

Exploitation des filons de la Compagnie de l'Onon.

Description de la formation aurifère de l'Onon.   65
Étude du grand filon d'aplite. Filons de retrait.   66
Relation entre l'aplite et les filons aurifères.   66
Filons adventifs.   67
Nature et aspect du quartz aurifère.   68
Mode d'échantillonnage employé à la mine.   69
Filons parallèles. Filon de « Supplément à Sérafimovsky ».   69
Filons du deuxième groupe du Système du Moyen Khangarok.   70
Travaux exécutés sur les filons.   71
Travaux dans Baïan-Zourga. Galerie Inférieure   72
Galerie Moyenne. Galerie Supérieure. Descenderie n° 1.   73
Cheminée II. Cheminée III.   75
Teneur moyenne du filon. Méthode d'analyse de la mine.   77
Achat d'un appareil d'essai.   78
Moulin à or de Baïan-Zourga. Causes de son insuccès.   79
Installation défectueuse du moulin.   80
Absence de travaux préparatoires.   83
Nécessité de préparer des chantiers en réserve dans la mine. . . .   83
Principe du traçage en avance de deux ans sur l'exploitation. . . .   84
Cube minimum à mettre en évidence.   84
Fréquence des travaux préparatoires insuffisants.   85
Situation analogue de la Compagnie Belogolowy   86
Résumé de ce chapitre.   86
Conclusions favorables à l'exécution des travaux de traçage. . . .   87

CHAPITRE IV

Programme d'avenir. — Travaux à exécuter sur les placers et sur les filons.

I. — PLACERS.

Exploitation du deuxième niveau aurifère.   90
Choix de la méthode.   90

Emploi de la drague.   91
Drague de la Compagnie de la Zéya   91
Drague à succion de la Verkné-Amoursky Company.   92
Organisation d'un chantier de dragage.   93
Sluice attenant à la drague   94
Transport des stériles par chalands. Rendement en or.   94
Lavoir sibérien contre lavage au sluice.   95
Premiers essais comparatifs antérieurs à 1875.   95
Emploi croissant du sluice dans les provinces de l'Amour   95
Comparaison des deux procédés.   95
Hauteur du sluice-tête   96
Sluice type de la Compagnie de la Zéya. Riffles. Pente.   96
Quantités traitées par jour.   96
Personnel employé. Consommation d'eau.   97
Action débourbante du sluice.   96
Résultats pratiques.   98
Construction d'un sluice sibérien. Emploi d' « under-currents ».   99
Emploi du mercure dans les boîtes de queue   99
Capacité comparée de production.   99
Avantages du lavoir sibérien sur les petits chantiers.   100
Diminution du vol de l'or par l'emploi des sluices   100
Conclusions.   100
Comparaison du travail de la drague aux anciens procédés   101
Économie de main-d'œuvre   102
Limite d'exploitabilité des alluvions travaillées avec la drague.   103
Emploi des sluices.   104
Sondages à exécuter sur le deuxième niveau.   105
Nécessité d'une pompe portative d'épuisement.   106
Commande de la drague   106
Projet d'opération pour 1895-1896.   106
Projet d'opération pour 1896-1897.   107
Amortissement de la drague.   107
Devis pour l'installation de la drague   108
Limite probable d'exploitabilité.   108
Conclusions relatives à l'emploi de la drague   110

II. — Filons.

Opinion favorable à l'exécution des travaux de traçage.   111
Différence fondamentale entre les exploitations minières et les placers. .   112
Programme des travaux à exécuter dans l'hiver 1895-1896.   113
I. Travaux dans la concession Iévgrafsky   113
II. Travaux dans la concession « Supplément à Sérafimovsky »   116
Devis des frais d'exécution de ces travaux.   117
Report sur les mines, des excédents de bénéfice des placers.   118
Exécution graduelle de ce programme.   118
Capital total prévu pour l'exécution des travaux   119
I. Compte de premier établissement de la drague.   119
Amortissement de ce compte.   119
II. Compte de premier établissement des travaux miniers   120
Amortissement de ce compte.   120
Construction du moulin à or renvoyée à une époque ultérieure.   120
Extension à donner au domaine de la Société.   121
I. Concessions sur les filons.   121
Concessions appartenant à des tiers.   122
Situation de la Compagnie vis-à-vis des tiers.   123
II. Concessions pour placers. . . . '.   123
Recherche des placers à faibles teneurs.   125

Conclusions du Rapport.

Placers   126
Filons.   127
Personnel   129
Direction générale.   129

II

Étude sur les exploitations de la Compagnie Daourskaïa.

Situation   133
Tableau de l'opération 1894-1895   133
Placer Malamalsky.   134
Lavoirs et travaux à ciel ouvert. Lavoir n° I.   135
Lavoir n° II   136

Grand chantier à ciel ouvert. 137
Lavoir n° III. 138
Placer Iossifof. 139
Méthode d'abatage. 139
Quantité d'or restant à prendre sur ce placer. 140
Emploi de l'excavateur sur le placer Malamalsky. 140
Prix de revient de l'abatage par l'excavateur. 142
Choix d'un excavateur 144
Exploitation souterraine des alluvions gelées. 145
Opération 1894-1895. Travaux souterrains. 146
Méthode d'exploitation. Boisage. 147
Mode d'abatage. Emploi du feu. 148
Du gel profond des alluvions aurifères. 149
Conductibilité du sol. 153
Quantité de glace contenue dans les sables 155
Formation géologique. 156
Résumé 158
Tableau donnant la production totale de la Compagnie Daourskaïa depuis
son début (1887) jusqu'en 1894 inclus. 160

ANNEXES

ANNEXE A.

Prix de la main-d'œuvre sur les mines de l'Onon.

Prix de la main-d'œuvre sur les placers de la Compagnie 163
Contrats d'engagement 165
Mode de recrutement. 163
Avances et salaires. 164
Nourriture. Valeur de la ration. 165
Magasin de la Compagnie 166

ANNEXE B.

Valeur de la journée de cheval à l'Onon.

Valeur de la journée de cheval à l'Onon   166
Valeur des chevaux. Nourriture. Prix des rations   167
Prix de revient   168

ANNEXE C.

Considérations générales sur la constitution géologique des gisements aurifères de la Sibérie Orientale.

Développement des régions aurifères en Sibérie   168
Caractères généraux de ces gisements   169
Différences avec les alluvions californiennes   169
Théorie de la venue aurifère   170
Formation aurifère de l'Oural   170
Formation aurifère en Sibérie Orientale   171
Fentes de retrait. Fentes de refroidissement dans les schistes   172
Conséquences pratiques de cette théorie   173

ANNEXE D.

Exploitation minière et moulin à or de la Compagnie Belogolowy.

Situation. Moulins à or   174
Amalgamation. Richesse et traitement des tailings   175
Mine. Ouverture d'un travers-bancs   175
Préparation des niveaux inférieurs   176
Absence de chantiers en réserve   176
Faible développement de l'aplite   176

ANNEXE E.

Note sur le dragage des alluvions aurifères en Nouvelle-Zélande.

Type de drague employé   177
Manœuvre des treuils   177

Analyse des frais 178
Résultats actuels. 179
Profondeur du dragage 180
Rendement. 180

POIDS ET MESURES RUSSES ET DÉCIMAUX.

I. Poids 181
II. Mesures de longueur 183
III. Mesures de superficie. 184
IV. Mesures de capacité. 185
V. Teneur en or des minerais. 185
   Table de transformation des teneurs en zolotniks aux 100 pouds, en
   grammes à la tonne 186

BIBLIOGRAPHIE.

I. Ouvrages russes. 187
II. Ouvrages français 188
III. Ouvrages anglais 189
IV. Ouvrages allemands 189

TABLE DES PLANCHES. 191

PARIS

IMPRIMERIE GÉNÉRALE LAHURE

9, RUE DE FLEURUS, 9